U0333021

万川
reflections

一
步
万
里
阔

未来 IT 图解
Illustrate the future of "IT"

区块链

未来 IT 图解 これからのブロックチェーンビジネス

（日）森川梦佑斗／著
刘晓慧 刘星／译

BLOCK
CHAIN

中国工人出版社

图书在版编目（CIP）数据

区块链 /（日）森川梦佑斗著；刘晓慧，刘星译 .
—北京：中国工人出版社，2020.10
（未来 IT 图解）
ISBN 978-7-5008-7515-4

Ⅰ.①区… Ⅱ.①森… ②刘… ③刘… Ⅲ.①区块链技术
Ⅳ.① F713.361.3

中国版本图书馆 CIP 数据核字（2020）第 217494 号

著作权合同登记号：图字 01-2020-4667

MIRAI IT ZUKAI KOREKARA NO BLOCKCHAIN BUSINESS
Copyright © 2018 Muuto Morikawa
All rights reserved.
Chinese translation rights in simplified characters arranged with MdN Corporation
through Japan UNI Agency, Inc., Tokyo

未来IT图解：区块链

出 版 人　王娇萍
责任编辑　邢　璐
责任印制　栾征宇
出版发行　中国工人出版社
地　　址　北京市东城区鼓楼外大街 45 号　邮编：100120
网　　址　http://www.wp-china.com
电　　话　（010）62005043（总编室）　62005039（印制管理中心）
　　　　　（010）62004005（万川文化项目组）
发行热线　（010）62005996　82029051
经　　销　各地书店
印　　刷　北京盛通印刷股份有限公司
开　　本　880 毫米 ×1230 毫米　1/32
印　　张　5
字　　数　120 千字
版　　次　2021 年 1 月第 1 版　2024 年 1 月第 3 次印刷
定　　价　46.00 元

前言

能够拿起本书的读者想必都听说过"区块链"一词。但是，如果问"区块链到底是什么技术"，或许可以马上答出来的人并不多。

其实，如果问我这个问题，我也会有一些困惑，因为区块链技术存在以下3个难点。

第一，区块链的技术革新日新月异，状况也是瞬息万变。10年里，与比特币一同诞生的区块链技术历经挫折，逐步形成了多种多样复杂的技术体系。

第二，缺乏作为看得见的商品以及实际可以使用的服务所必要的体验感。尽管近年来区块链实际上已接近接受实用考验的水准，但作为从出现初期开始就反复受人期待的投资和投机对象，区块链本应有的"可身临其境触摸技术"的目标却完完全全地缺失了。

第三，试图通过视觉表现所有区块链技术存在一定难度。区块链是密码技术与经济模式相结合的产物，即便算式和文字可以表现，但要落实到视觉意象尚有难度。此外，可以吸收众多或所有业界各种参与者的区块链生态系统也会变得非常复杂。

本书以上述3点为中心，尝试与读者共享对"区块链的直觉印象"。第1部分讲述区块链技术的发展与变迁，第2部分则通过具体事例说明区块链的使用案例，第3部分将预测区块链的未来。此外，全书将尽量使用模型图，力争实现区块链商务模式的"可视化"。

希望读者可以通过本书加深对区块链的理解，并产生将区块链应用于商业活动的灵感。

森川梦佑斗

简介：区块链

今天，虚拟货币已广为人知，

其底层的区块链最近也被视为"改变世界""改变商业"的颇具冲击力的技术革新，

并出现了运用区块链的服务行业。

本书将说明区块链的推广将对您的生活方式产生何种影响，为您的生活带来什么。

其中，以下6点尤其重要。

如此改变世界！

商务活动从以公司为中心转向
以个人为中心！

个人活用信息使多元
生活成为可能！

个人间交易市场
日益活跃！

发展为使用P2P通信的分散型网络！

　　传统计算机网络都是存在提供服务的中央管理服务器的客户端服务器系统（client server system）。但是区块链是以联网计算机之间1对1直接交易的P2P为基础的系统，并且以此为中心的网络环境正在不断扩展。

改变资金的流动与价值观！

　　区块链将对金融系统产生整体性影响。所有以日元、美元等为中心的资金流动将逐渐消失，"家缠万贯才是名人"的价值观将会淡薄，从而诞生读者自己拥有的所有数据都被视为资产性价值，并可获得虚拟货币和数字化价值载体（代币）等报酬的机制。

扩展最尖端技术的使用范围！

　　AI、VR、无人机等备受关注的未来技术具有与区块链良好的兼容性，将起到扩展区块链适用范围的作用。印象里这些技术似乎是大企业垄断性开发的，但实际上，没有资本的个人想法大展宏图的大环境也在形成，在我们身边就可以利用区块链正在变为现实。

商业活动从以公司为中心转向
以个人为中心!

　　我们找工作时会在"如果想高薪稳定就选大企业"和"如果想一夜暴富就选风险企业"之间选择。但是,区块链却颠覆了"在公司上班"的尝试。每个人将有可能根据个人能力与喜好选择工作场所,甚至可以选择几种职业。

个人活用信息使多元生活成为可能!

　　传统互联网上,从个人信息到个人对网络的贡献度再到人与人之间的联系,所有信息都由网络运营商管理。但是,在区块链中,所有现存和将有的信息所有权回到了每一位使用者手里,因此使用者可以将自己的信息转化为价值加以运用。

个人间交易市场日益活跃!

　　随着互联网的普及,个人之间的信息通信以及利用这些信息通信的交易正在不断扩展。但是,由于交易场所是由运营商提供的,因此必然会在交易中产生手续费。而通过区块链,任何人都有可能在切切实实不考虑手续费负担的情况下进行交易。

目录

PART2
区块链的应用

PART3
区块链带给我们的未来

PART

1

区块链与虚拟
货币的现状

区块链的诞生

比特币诞生十多年以来，其底层的区块链技术正日益受到关注。

那么，区块链是如何诞生的呢?

◆ 改变了货币流通的比特币

虚拟货币比特币（BTC）诞生于2009年1月，其契机则是在此3个月前一篇署名"中本聪"的网络文章。比特币可以让其使用者不通过银行等中介而直接交易。

作为可以改变传统货币流通的新模式，比特币被世人关注，并经常成为新闻报道的话题。可以说，比特币是区块链这项创新性技术第一个实用化的案例。

◆ 互联网与区块链

区块链是信息通信的新技术。我们先来回顾互联网与区块链的关系。

20世纪末互联网开始普及，通过电子邮件进行个人间的交易开始起步，SNS（社交网络服务）的普及及其交易日益发展，很多人逐步认识到，除了现实世界之外，还存在一个"信息世界"。

对使用者而言，区块链最大的特征就是不断进化通过互联网实现的个人间信息交易，数据的收发不再通过特定的运营商作为中介，而是使用者之间可以直接交易的技术。也就是说，个人之间也可以进行传统上通过可信赖第三方（银行）等进行的通货和价值等交易了。[01]

[01] 互联网的普及与区块链

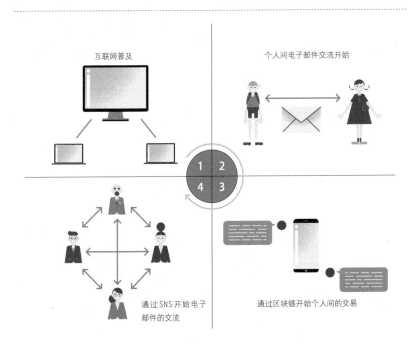

互联网普及

个人间电子邮件交流开始

通过SNS开始电子邮件的交流

通过区块链开始个人间的交易

☞ SNS：社交网络服务。尽管推动了个人间交流的活跃发展，但这些社交平台均在运营商的管理之下。

◆ 比特币的演进与价值变化

　　虚拟货币的先驱比特币孕育了很多亿万富翁。简单回顾一下比特币的演进与价值变化。2010年最初进行交易时是1BTC=0.2日元，7年后就突破了200万日元，比最初价格上涨了2000万倍。2018年受到大规模黑客事件等的影响后，价格暴跌，2018年10月约为70万日元。

2009年10月	确定比特币和法定货币（美元）的兑换率
2010年2月	第一家比特币交易商Bitcoin Market开始营业
5月	有人用两张披萨饼（约25美元）交换了1万比特币
	接受披萨饼的人向为披萨饼付款的人支付了比特币
7月	比特币交易商MTGOX开始营业
8月	1840亿比特币伪造事件
2011年6月	MTGOX遭到黑客攻击，价格大幅度下跌
	受此事件影响，比特币开始引起各界关注

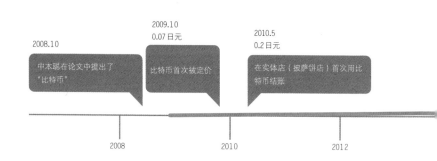

2013年3月	美国设立了第一台比特币自动取款机
12月	1个比特币的价格一时间超过10万日元
2014年2月	MTGOX停止交易，关闭网站
4月	日本首家企业运营的交易商BTCBOX开始营业
12月	微软开始接受比特币支付（仅限居住在美国者）
2017年4月	日本对比特币等虚拟货币进行了法律规定
8月	比特币区块链硬分叉产生了新货币——比特币现金
12月	比特币价格一时间超过220万日元

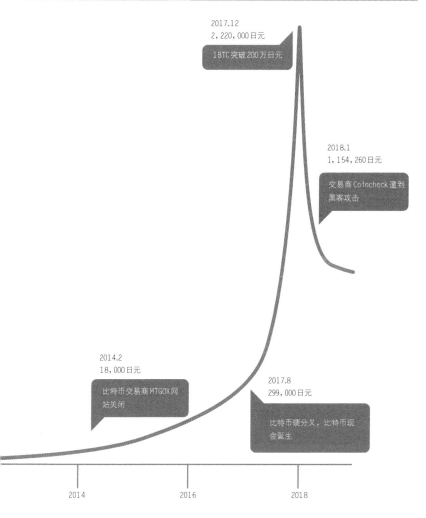

比特币的构造与区块链的基本形态

虚拟货币的原型比特币

是 2008 年由中本聪发布的没有管理者的货币，

而得以实现则有赖于区块链技术。

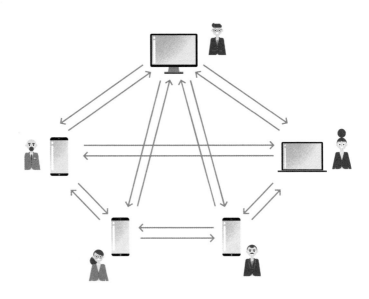

◆ Bitcoin：P2P 电子现金系统

　　发明比特币，是尝试通过电子化实现如现金交接般的 P2P 交易的某种机制。"如现金交接般"是指不需要诸如银行等为交易提供中介服务的管理者。由于比特币体系有赖于世界各地人们的支持，因此不受地理条件的限制，地球上每个个体都可以进行交易。此外，比特币没有发行主体，而是按照一定的规则自动发行。

◆ 世界共享的区块链

比特币的区块链共享世界的节点（加入互联网的终端），任何人都以同样的数据维系着互联网。因此，即便某个地方的一台机器出了故障，也不会使体系出现整体故障，可以继续运行。

◆ 通过区块链技术保留余额记录

尽管比特币被称为"虚拟货币"，但并不是我们容易联想到的纸币和货币，而是活期存款的一种。在活期存款的交易中，通过更替余额记录、随时更新数据实现价值的交易。[02]

在现有的机制中，银行等中央管理者进行维持系统运行的工作，但区块链技术却通过计算竞争按照概率选择处理这一工作的代表。这是实现无管理者货币的基本原理。

[02] **通过区块链记录交易**

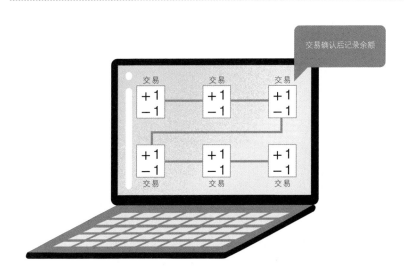

☞ P2P：Peer to Peer的简写。通过个人计算机和智能手机之间的直接连接而非服务器进行交易。在比特币之前以诸如Winny等文件共享软件为主。

SECTION 03:

比特币交易的6个流程

PART1 区块链与虚拟货币的现状

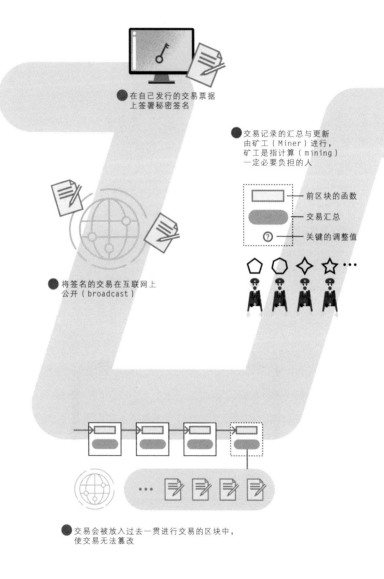

● 在自己发行的交易票据
上签署秘密签名

● 交易记录的汇总与更新
由矿工（Miner）进行，
矿工是指计算（mining）
一定必要负担的人

前区块的函数

交易汇总

关键的调整值

● 将签名的交易在互联网上
公开（broadcast）

● 交易会被放入过去一贯进行交易的区块中，
使交易无法篡改

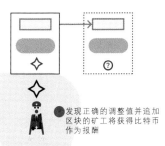

●发现正确的调整值并追加
　区块的矿工将获得比特币
　作为报酬

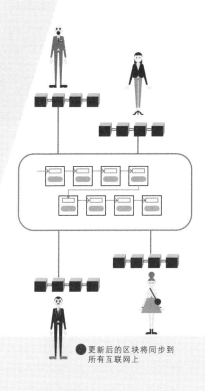

●更新后的区块将同步到
　所有互联网上

单向哈希函数与公钥加密法

为比特币和区块链提供支持的是高度加密的技术。

特别是"单向哈希函数"和使用这一函数的"公钥加密法"

是区块链不可或缺的重要因素。

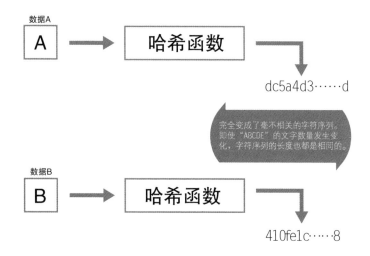

◆ 通过单向哈希函数对数据进行压缩与变换

　　可以将输入的数据变化为一定长度的任意字符序列（哈希）的是哈希函数。由于输入数据不一样会产生完全不同的字符序列，因此即使微小的改变也会马上被确认。此外，这时产生的字符序列长度都是一样的。

　　由于哈希函数产生的字符序列不可能再逆向导出原来的数据，因此被称为"单向哈希函数"。

◆ 公钥加密法获得的"私钥"和"公钥"

公钥加密法就是使用"私钥"和"公钥"这一对密钥进行加密通信和电子签名的技术。公钥（公开密钥）以私钥（私有秘钥）为基础生成，但从公钥却无法知道私钥。这与前文提到的哈希函数中输入值和哈希值的关系是一样的。

◆ 通过私钥使用电子签名证明本人

使用私钥将数据加密被称为"电子签名"。在区块链的互联网中，通过私钥的电子签名，就不用依靠某些机构部门发行个人证明，就可以确认交易当事者本人的身份。[03]

[03] 使用私钥的数字化签名机制

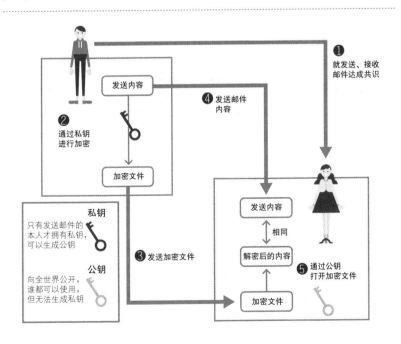

☞ 哈希加密化：将数据加上哈希函数，使之成为难以破解的英文字母和数字组成的字符序列，而哈希值基本上不可能再还原为原来的数据。

交易公开

通过私钥进行电子签名的交易记录将会对全互联网、

而不是仅对特定的服务器公开，

通过节点（每一台计算机服务器）的相互通信实现共享。

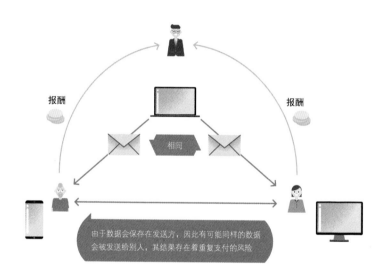

◆ 分散型互联网存在的重复支付风险

　　一般的数字数据交易是由复制和粘贴进行的。比如收发电子邮件时，在收信方收到电子邮件后，发信方仍然保存着数据，仍然有可能再发送给其他人。

　　用数字进行通货交易时同样如此，如果数据保留了下来，则存在着缴费方将已支付费用再度支付，即重复支付的可能性。

◆ 通过交易公开防止重复支付

在自己进行的交易中通过私钥签名，在互联网中向服务器发信，被称为"公开"。只要被公开了一次的交易，就成为被所有服务器共享的众人皆知的事实，其他任何人都没有可能再加以利用。[04]

大家手中的现金都是以某种形式从某处获取的，并非突然出现。同样，比特币只有在互联网上被记录了"过去从某处获得且自己尚未使用"，才可以使用。

而尚未使用的比特币的记录被称为"UTXO"（未花费交易输出）。

[04] **交易的公开**

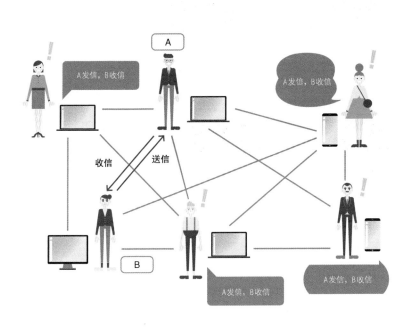

☞ 交易：利用区块链的每一项交易记录，也可以指比特币等虚拟货币的货币输入（支付）和输出（收款）交易数据的不断积累。

使用哈希函数的嵌套型数据构造

数据经过一定的时间会生成一个区块，

区块之间会连锁性地链接在一起，故得名区块链。

过去的区块中的信息因通过单向哈希函数被链接到下一个区块，

而成为数据不可能被篡改的信息。

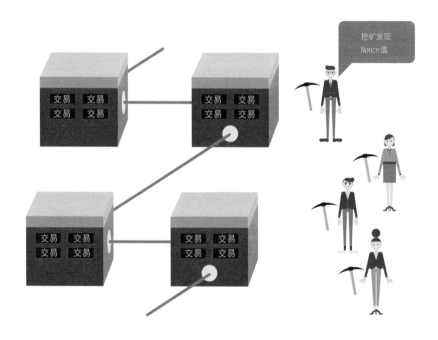

◆ **区块的构成要素与防止篡改的机制**

在区块中，经过一定时期会汇总全世界用比特币进行的交易信息，其他还包括"上一个区块的哈希值"和Nonce值。各区块可以通过单向哈希函数加入前一个区块的所有数据的哈希值。为此，只要对过去的区块稍加篡改，以后区块的哈希值也会变化，从而马上就会被发现。

◆ Nonce值与共识算法（consensus algorithm）

区块的哈希值有特殊条件，为了满足这些条件，就需要为调整各区块哈希值的只被使用一次的数据——Nonce值。通过Nonce值，区块可以正确地链接。

在没有管理者的区块链互联网上，必须通过所有参与者达成共识来决定以什么来判断是否"正确"。

就是说，区块链通过Nonce值实现参与者形成共识。在区块链中，为了从使用工作量证明（PoW）的区块中输出的哈希值满足一定条件，就有必要调整Nonce值。

但是，由于满足条件的Nonce值无法反向计算，就必须发现总体上最合适的Nonce值。

◆ 算力竞争的动机

为了算出Nonce值，就必须有庞大的算力（machinepower）。那么，为什么会有参与者进行这项工作呢？这是因为如果发现了Nonce值生成新的区块，作为报酬可以领到比特币（2018年本书完成时报酬为一次12.5BTC）。

根据报酬进行计算，很像掘金者探寻金矿的工作，因此生成区块的工作被称为"挖矿"，参与这项工作的节点被称为"矿工"。

◆ 区块的生成与节点间的传播

最早发现Nonce值的节点生成区块，并与其他节点共享。共享区块的节点会确认新区块是否正确，如果没有问题，则开始转向下一个区块的生成工作。［05］

☞ PoW：直译即"工作量证明"。在区块链中，完成发现Nonce值工作的人会被赋予生成新区块的权利。

[05] 比特币区块链概念图

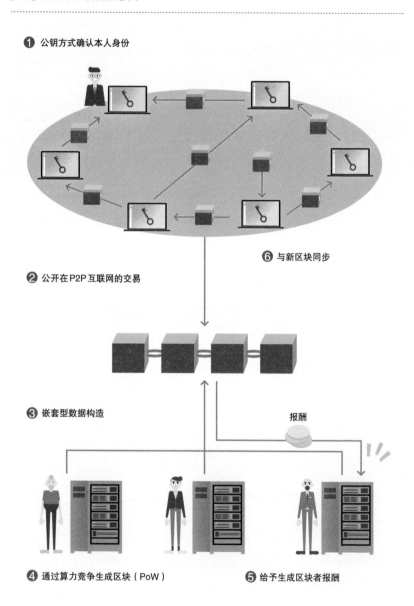

❶ 公钥方式确认本人身份

❻ 与新区块同步

❷ 公开在P2P互联网的交易

❸ 嵌套型数据构造

报酬

❹ 通过算力竞争生成区块（PoW）

❺ 给予生成区块者报酬

区块链的基本特征

使用比特币体系的区块链技术正在实现

"在没有管理的分散型互联网中,

所有出现的事物都不可能被篡改而得以记录的机制"。

这种技术的革新性体现在何处呢?

①对避免故障和防御攻击非常有效

在区块链系统中,以往所有的记录均会参与互联网的节点共享。由于互联网内也有很多节点参加,因此想造成系统整体故障极为困难。

此外,通过对保存记录提供报酬,在不会对某些特定存在造成成本负担的同时,维系系统的整体运作。通常的系统也可以分散建构以防御故障和攻击,但这样就会产生比传统中央管理系统更多的成本。

通过区块链,实现了不给某人或某企业造成极大负担就可形成不易发生错误故障的较为安全、稳定的系统。

② 对互联网内发生的事进行全面且透明的记录

区块链互联网中发生的事将通过不断压缩,随时作为最新区块的一部分发挥作用。因此,"过去谁做了什么""现在谁处于什么状态"等在互联网中总是一致的,并可以简单地进行回溯。在区块链中,不可能将过去发生的事与现在发生的事割裂开来进行思考。

与此相比,如果是传统系统,有关过去状态的数据,一般而言或作为经历发挥参考作用,或作为意外时的备份单独保存,因此"为什么要记录并保存这些数据""向谁公开这些数据"等问题会被随意控制。

③无法进行篡改与复制

区块链中所有的依据都是基于以往的记录。信息只要被区块记录过一次，就会成为区块链互联网中的事实，此后在区块中不再接受修改。

因此，在区块链中是无法随意复制或取回数据的。

④没有管理者的平等互联网

区块链上的信息被视为其互联网内的事实，但并不意味着某个特定存在对其进行管理和予以承认。区块链参与者中，谁都无法随意控制区块链，只需按照决定的规则平平淡淡地记录发生的事情。由于不是由谁进行着管理，因此任何一位使用者都可以自由阅览，并根据记录在此的信息进行任何工作。也就是说，可以构筑具备"公共性"的系统。

◆ 区块链让信息世界更加真实

区块链互联网上发生的事与现实世界中发生的事具有同样的性质。我们生活的这个世界不可能在某一日突然中止，过去某人的行动也一定会对现在产生某种影响。此外，正如"覆水难收"所言，现实世界中已经发生过的事实不会被颠覆。而通过区块链，可以让信息世界中发生的事也拥有与现实世界同样的确定性而大力加以应用。

在黄金发挥货币作用的时代，通过被称为"黄金物理性交接"的交易，使价值交换这一信息交易具备了确定性。今后，随着区块链技术的发展，如同在现实生活中的物物交换一样，所有现存和将有的信息都有可能在互联网上进行交易。

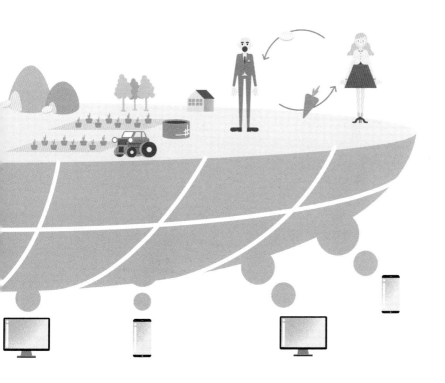

SECTION 08:

以太坊与智能合约

PART1 区块链与虚拟货币的现状

通过以太坊智能合约，
未来的事情可以事先记录在区块链上，
并得到切实处理。

◆ 以太坊的诞生

以比特币为代表的第一代区块链是仅仅按照顺序记录"刚刚完成之事"的机制。但是，2013年俄罗斯裔加拿大人维塔利克·布特林（Vitalik Buterin）提出的以太坊概念，以"当事者达成共识为条件，在将来可以切实处理某些特定问题"。这就是智能合约的开始。

智能合约概念本身在比特币诞生之前就已存在。自动售货机经常被用来作为智能合约的例子。在利用自动售货机买饮料时，会分以下步骤处理：①投入货币；②按下选择饮料的按键以满足条件；③得到饮料；④找回零钱。

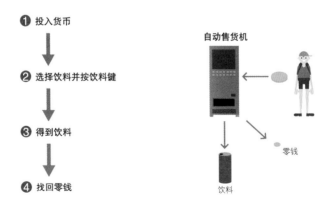

020

◆ 传统合同与智能合约的区别

　　一般的"合同"（契约）是指当事者之间达成的某种承诺，在法律及其执行机关的监督下达成共识以保证将来可切实执行。

　　智能合约则与一般合同不同，通过在区块链装载自动运行的程序，可以不经过特定第三者仲裁即切实执行合同。[06]

［06］传统合同与智能合约

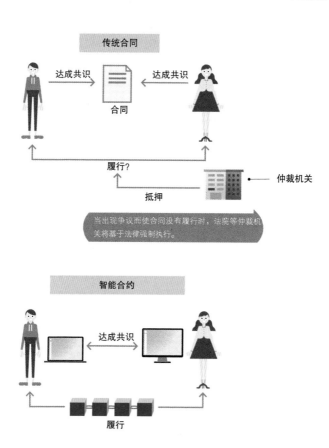

☞ 维塔利克·布特林：1994年出生，大学退学后提出并设计了装载智能合约的以太坊。成为基础货币的以太币在2018年9月拥有了仅次于比特币的市场规模。

◆ 在区块链上装载程序

以太坊中的智能合约是指在区块链中实际装载的程序。与比特币记录交易一样，在以太坊中，人们可以记录程序以及程序执行后的结果。

一般而言，为了共享程序，需要运行环境和程序语言。以太坊的智能合约将被称为"脚本语言"（Ethereum Virtual Machinecode，EVM）的程序运行环境以及对EVM发出指示、被称为"Solidity"的灵活的程序开发语言编入区块链。据此，从理论上现有和将来的程序都可以装载到共享区块链上。

◆ 去中心化应用程序（DApps）的诞生

随着以太坊的诞生，区块链进化为可以提供各种应用程序且没有管理者的通用平台。

以太坊创始人布特林曾用"如果比特币是类似于计算器的计算机，以太坊就是iPhone"来形容上述特点。其意思与只具备"记录所有交易"用途的比特币区块链不同，以太坊可以在一个区块上开发各种用途的应用程序。

此外，以上述方式开发出来的应用被称作DApps（Decentralized Applications）。DApps通过灵活运用智能合约，得以不依赖服务提供者的服务器就可以提供基础系统。可以将形成服务的主要程序作为智能合约进行装载，区块链的基本特征也可以通过个别的应用软件反映出来。现在，在以太坊等各种区块链上，正在开发难以计数的DApps。[07]

［07］不断发展的DApps

	集中型		分散型	
浏览器	Google Chrome		Brave	
电子邮件	Gmail		Ginco	
存储	Dropbox		STORJ	IPFS
视频通话	Skype		EXPERTY	
OS	iOS		essentia	EOS
SNS	Facebook	Twitter	Sleemit	AKASHA
短信	Message		status	

☞ DApps：使用区块链的分散型（去中心化）应用程序。通过发行的代币（虚拟货币）可以利用DApps。比特币也是DApps的一种。

023

区块链上的代币

作为区块链上达成共识的报酬，虚拟货币是各区块链的基础货币。

作为基础货币的中心，区块链上发行着各种各样的代币。

◆ 代币及其作用

在某个货币体系中，最适于服务各种使用场合、发挥发行货币作用的被称为"代币"。日元中的Suica等电子货币、TPoint等的电子积分、商品券和图书券，甚至按摩店的优惠券等都是代币的一种。而在以太坊等平台型的区块链中，可以自由发行使用智能合约的代币，一般称之为"token"。特别是在DApps的开发中，为了建立独特的不同于传统广告模式和手续费模式的报酬模式，一般均将代币加到服务里。

◆ 代币的分类

代币这一词汇本身的意思是"用定量性且易于表现的方式置换某种概念"，因此可以将现有和将有的事物都视为代币。

区块链上使用的代币有两种类型。一种是同质化代币（fungible token），它们与日元、美元等货币一样，可以通过共通的单位自由分割、代替资产价值，众所周知的"虚拟货币"大多属于这种。

还有一种为非同质代币（NFT，Non-fungible token），此类代币诸如古董、艺术作品等，以其唯一固有性予以发行且不可分割或部分让渡。[08]

[08] 同质化代币与非同质代币

SECTION 10:

在智能合约上发行代币

PART1 区块链与虚拟货币的现状

发行代币的目的

在于激发区块链开发者和用户

参加DApps等生态系统的积极性。

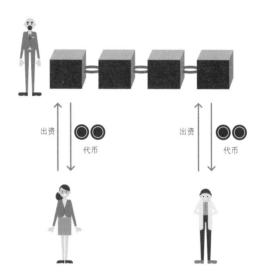

◆ 开发新的服务需要报酬

　　人们使用区块链开发DApps存在通过手续费等很难产生盈利的趋势。如果开发却得不到好处，将不可能提供良好的服务产品，从而陷入无法吸引人才、开发也难以进行的恶性循环。为此，有必要通过发行代币为开发与市场筹集资金。为了在没有管理者的区块链筹集开发资金，首次币发行的方式（Initial coin offering，ICO）应运而生。

◆ ICO 的有利之处

以太坊中，利用智能合约向参加者（开发者与用户）发放代币，简单而言，就像是使用自动售货机发行股票。一般而言，ICO将设定集资目标额、代币的价格和发行量，并向全世界公开智能合约。通过这一方法，可以筹集开发、运营所必需的资金。[09]

如前所述，这样的代币既可以被用作优惠券，也可以被用作决定某项服务将来发展方向时的投票权证明（也就是证券）。

与股市上扬时将会产生收益一样，购买代币的参加者为了代币升值也会对提升服务质量提供合作。

[09] 以太坊的ICO机制

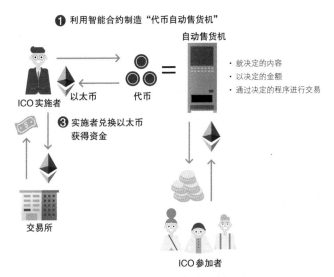

❶ 利用智能合约制造"代币自动售货机"

自动售货机

ICO 实施者　以太币　代币

· 就决定的内容
· 以决定的金额
· 通过决定的程序进行交易

❸ 实施者兑换以太币获得资金

交易所

ICO 参加者

❷ 将以太币存入自动售货机后，自动售货机将以太币原封不动地送往实施者，并将代币送往参加者

DApps和
Web3.0的到来

在我们的日常生活中，中心化在线应用随处可见。

但是，随着区块链技术的发展，不存在管理者的Web3.0时代即将到来。

版本	1.0：软件	2.0：应用程序	3.0：DApps
年份	1980—1999	2000—2019	2020—
模型			
环境	区域	线上	线上＆链上
数据	客户端	服务器	客户端＆互联网
结构	服务商至使用者单向	服务商与使用者双向	使用者间双向

◆ Web1.0→2.0→3.0

作为不联网状态下程序也可以正常使用的软件包，服务商向使用者销售的就是Web1.0时代的"软件"。随后，通过服务商的服务器和用户终端相互合作所提供的就是Web2.0的应用软件。而今后，将与以往的世界大不相同，在使用区块链技术的平台上发展新型Web的就是Web3.0。Web3.0有以下6个特点。

①没有一元化管理者

使用者各自使用只有本人知道的秘密信息访问网络。没有平台的管理者，也就没有对本人访问权利的侵犯。

②机器和程序不会宕机

由于支持系统的基础设施分散配置，因此只要不切断所有设施，机器和程序就不会宕机。

③使用者本人拥有数据所有权

所有使用者拥有平台上用户目录的完全所有权，可以只按照自己的意愿控制数据与信息。

④ 所有的数据都作为固有信息而具有资产价值

平台上的数据通过使用者的电子签名得以公开、共享和传送，但是却无法通过复制而增值。此外，使用者拥有所有权的数据也不会被篡改。因此，数据也就与现实世界中的物品一样拥有了价值。

⑤每个人都可以与所有人自由交易

区块链的平台是没有管理者的公共空间。诸如比特币这一"数字黄金"可以在个人之间进行交易一样，使用者可以不预先通知其他人而将价值、权利与信息进行数据化，并在互联网上自由交易。

⑥因利用同一平台而互通性较高

只要可以访问区块链，任何使用者使用任何设备都可以利用装载在区块链的程序。此外，所有人都可以使用任何人制作的公共合约。

☞ 用户目录：保存使用者信息的领域，用于保存使用者姓名、电子邮件地址、密码以及各种设定等信息。

◆ 走向Web3.0时代

如果互联网上普及了使用区块链技术的在线服务（DApps），Web会发生什么变化呢？

第一，区块链技术会模糊信息世界与现实世界的界限，更多的信息与价值将在互联网上流通。

第二，现在很多Web服务将被区块链上自主且分散型运作的DApps所取代。

在传统的互联网（Web2.0）世界中，处于中心位置的是诸如谷歌、苹果等巨大平台的市场巨擘和被称为服务提供者的个人商店。而在新的Web世界中，则是个人之间通过被称为DApps的自动售货机进行交易。

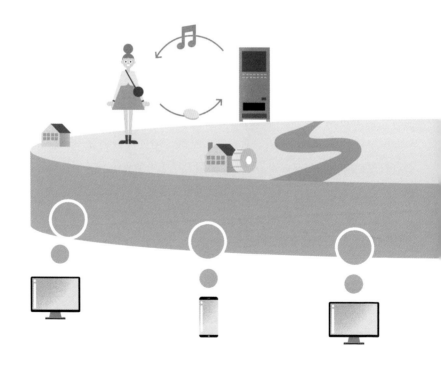

◆ 告别广告事后收费模式

Web2.0主要通过建立平台吸引使用者，将他们的兴趣与关注点引向广告，并将收集到的个人信息用到其他商务中等方式获得收益。客户不是使用者，而是作为商品被采购并卖给了广告商。

Web3.0则与之不同，平台提供方由于很难通过广告等方式获得收益，因此开发了通过ICO筹集资金的服务。此外，完成的服务将始终保留在区块链上。

简而言之，新模式就是通过宣传"我将制作使用方便的应用，请大家出资"来筹集资金，而"制作出来的应用请大家自由使用"，从而不断产生新的服务。

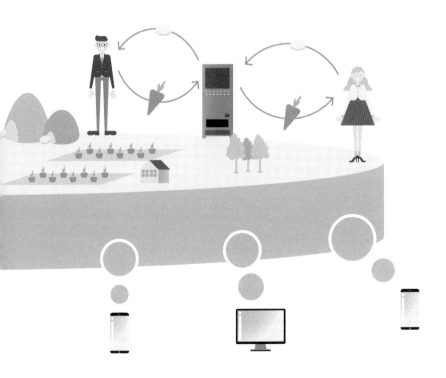

区块链技术的进展与分层

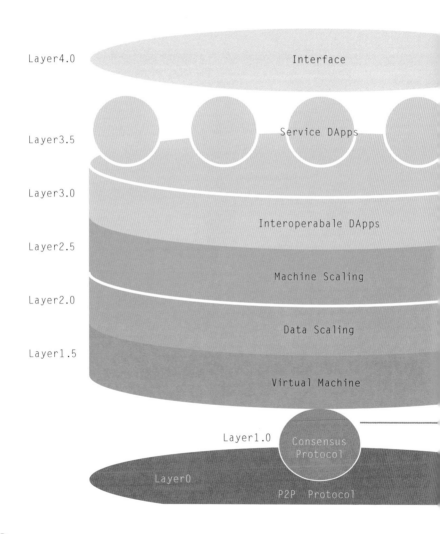

Layer4.0   Interface

Layer3.5   Service DApps

Layer3.0

Layer2.5   Interoperabale DApps

Layer2.0   Machine Scaling

Layer1.5   Data Scaling

   Virtual Machine

Layer1.0   Consensus Protocol

Layer0   P2P Protocol

随着区块链技术的发展，作为其基础的协议（Protocal）的开发，
与在协议基础上提供的DApps的开发均在推动之中。
笔者将以以太坊的环境为例按照层次将复杂的区块链开发整理如下。

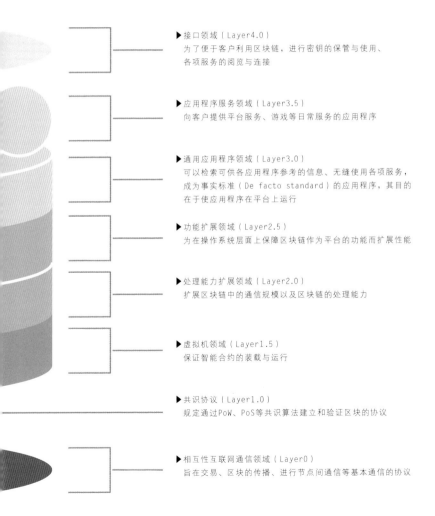

▶ 接口领域（Layer4.0）
为了便于客户利用区块链，进行密钥的保管与使用、
各项服务的阅览与连接

▶ 应用程序服务领域（Layer3.5）
向客户提供平台服务、游戏等日常服务的应用程序

▶ 通用应用程序领域（Layer3.0）
可以检索可供各应用程序参考的信息、无缝使用各项服务，
成为事实标准（De facto standard）的应用程序，其目的
在于使应用程序在平台上运行

▶ 功能扩展领域（Layer2.5）
为在操作系统层面上保障区块链作为平台的功能而扩展性能

▶ 处理能力扩展领域（Layer2.0）
扩展区块链中的通信规模以及区块链的处理能力

▶ 虚拟机领域（Layer1.5）
保证智能合约的装载与运行

▶ 共识协议（Layer1.0）
规定通过PoW、PoS等共识算法建立和验证区块的协议

▶ 相互性互联网通信领域（Layer0）
旨在交易、区块的传播、进行节点间通信等基本通信的协议

033

◆ Layer 0：P2P 协议

在这个层面上，通过协议规定了节点间基本通信、交易和区块的传播。由于是使用通用的 P2P 互联网内通信协议的一般领域，在这一层面几乎没有特殊的技术。

◆ Layer 1：共识协议

这一层面定义为形成区块链基础的"共识机制"，即共识算法。这一层面决定 PoW、PoS 等共识算法，并通过这一领域的协议规定其详细内容的"块集大小""块集制作时间""总发行量""矿工的作用"等内容。

在以太坊普及之前，提到"区块链的革新性"时，几乎都是用这一层的技术优越性作为例子。

◆ Layer 1.5 虚拟机

这一层面将为太坊智能合约虚拟机（EVM）和软件环境使用高级语言（Solidity）等操作环境和程序语言定义，并使智能合约成为可能。

在这一层面可以装载智能合约的则成为平台型区块链。［10］

［10］平台型区块链（以以太坊为例）

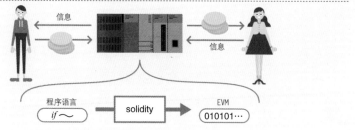

◆ Layer 2.0：数据扩展

为了使区块链具备作为处理世界上各种程序的共同虚拟机的处理能力，就必须扩展区块链拥有的数据总量。为此，扩展区块链上数据规模所必需的就是这一层面上的技术。

◆ Layer 2.5：功能扩展

为了在平台上运行更多的服务，就有必要装载操作系统保证的基本功能。此外，可以通过共识协议的更改，将这一层面及其以下层面提升到更高标准的，即后述的第三代区块链。

◆ Layer 3.0：通用应用程序领域

随着区块链环境的不断改善，会诞生孕育众多服务的土壤。在这种情况下，就需要可由多个服务参照的默认应用程序。比如，在各种服务之间利用共同ID的协议，在各种服务之间进行代币交换的协议等均属于这种默认应用程序。

◆ Layer 3.5：服务类DApps

这一层面中，与传统的应用程序一样，是开发客户可直接使用的服务、游戏和平台。

◆ Layer 4.0：接口

任何人都可以访问这种区块链的服务——被称为"区块链钱包"的接口。

SECTION 13:

多样化的区块链

由于区块链开发是开源文化，解决了前区块链问题的新区块链不断涌现。

现在，在区块链2.0的开发迟迟没有进展之中，

逐步赶超2.0的区块链3.0已经登场。

◆ 区块链1.0：货币、支付

这些区块链集中于比特币倡议的"通过P2P进行通货交易"的主题，属于限定用途的仅在协议层面上完结的模式。主要以PoW共识协议为基础，调整了块集制作所需时间、区块链的透明度与匿名性的区块链属于这一领域。

● 典型案例

Bitcoin	世界上最早、也是市场规模最大的虚拟货币
BitcoinCash	作为随着比特币交易量增加而日益严重的可扩展性问题的解决方法之一诞生
Litecoin	紧随比特币诞生的世界上第二种虚拟货币，结算和汇款的速度比比特币快
Monero	使用加强匿名性的Crypto Night算法，使用"RingCT（环形加密）"的虚拟货币
DASH	2014年公开时被称为"暗黑币"（Dark Coin），正如其名，这是以匿名性为最大特点的虚拟货币
Zcash	2013年诞生时为Zerocoin，2016年改名为Zcash
	汇款方、收款方、汇款金额等有关隐私的所有信息均采用匿名方式

◆ 区块链2.0 多功能平台

参考以太坊、作为"应用程序环境"而开发的就是这一类型的区块链。如前所述，这一类型拥有多层复杂性，可以开发各种应用程序，从而形成丰富的平台。

● 典型案例

Ethereum	严格而言，这不是货币而是项目的名称，虚拟货币的正式名称是以太（ETH）
NEM	在共识算法中利用PoI的平台型
	NEM与以太坊一样是项目名，虚拟货币的正式名称是XEM
Lisk	用主要的程序语言Javascript运用于智能合约的记述语言
NEO	中国开发的平台型区块链
	使用C++语言、可以记录智能合约等，具有较强的互通性

◆ 区块链3.0 多功能＆高效平台

今后备受关注的将是以以太坊为基础，改进共识协议以从根本上解决现有问题的新一代平台型区块链。

● 典型案例

EOS	以美国为中心开发的区块链
	2018年脱离以太坊的生态系统，建构独自的平台
ZILLIQA	拥有分片技术（shading）和SCILLA智能合约语言的新一代区块链
	具备可扩展性和确定性，以新加坡为中心进行开发
ICON	使用LFT共识算法，以韩国为中心并与LINE合作

◆ 其他区块链技术

强化分布式账本技术的区块链

● 典型案例

XRP	旨在构筑国际金融互联网的区块链
Hyper Ledger	已开发企业版为主的区块链

单一目的记录技术的区块链

● 典型案例

Factom	以保存记录、公证等书面文献为主的区块链
STEEM	以保存内容产业和交流为主的区块链

◆ 随着通用化的发展而逐渐稳定的区块链

从完全去中心化机制而诞生的比特币起，经过十多年的时间，区块链技术也发生了变化。今天，追求互通性和处理能力、在集中型和去中心化分散型之间平衡的区块链成为主流。

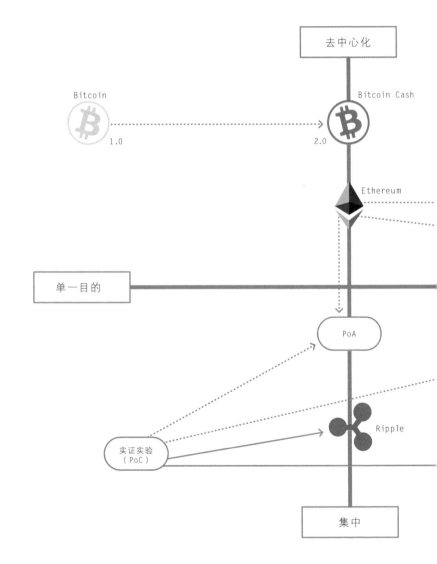

◆ 中心管理型进步神速

由于去中心化型区块链的发展，由金融机构和民营企业为主导开展的
"分布式账本技术"（DLT）研究正处于取得重大突破的阶段。

这些区块链有望通过建构随后将提到的许可型区块链（许可链），获
得极高的处理能力。

反言之，去中心化型区块链也在上述研究的反馈下不断寻找最适合解
决当前区块链的方法。

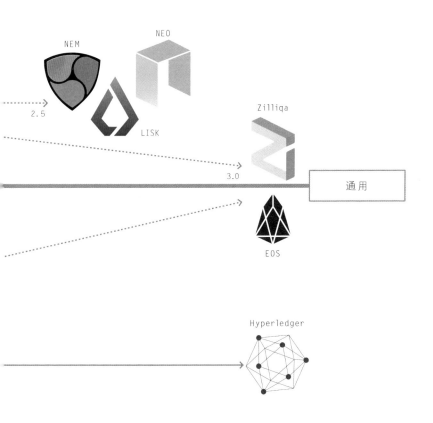

区块链的各种问题

十多年来，区块链体系得到了飞跃性的充实，

作为新一代平台被寄予了很大的期望。

但与现实社会之间也产生了摩擦，

出现了在技术上必须去解决的问题。

◆ 问题：价格市场波动剧烈　解决方案：稳定币（stablecoin）

　　人们希望虚拟货币与股票一样会升值，因此价格市场变化剧烈，阻碍了其作为货币的作用。价格易于波动被称为"不稳定性"（volatility）。如果区块链上的虚拟货币可以在日常生活中使用，就必须稳定价格。

　　解决这一问题的方法当然就是开发价格不会飘忽不定且易于使用的货币。这样的货币已经得到开发，总称为"稳定币"。稳定币大致可分为三类：第一类是保证与法定货币和实物资产进行交换并以价格作为抵押，也就是兑换制；第二类是将平台的核心货币加入其中以寻求价值的稳定；第三类是在货币发行体系中加入价格调整功能以稳定价格。[11]

[11] 稳定币的种类

①与现实世界货币交互的虚拟币

这是一种给予如同银行等集中式机构兑换货币保证、并按照现实货币价格进行分配的方法。比如，在虚拟货币交易所存入100美元后，可以随时取出。这种情况下，将发行证明取款权利的代币。

这种类型中最常用的是被称为"Tether"的虚拟货币，主要在交易所的交易中使用。由于与提取现实货币的权利配套，因此具有与法定货币同等程度的价值而稳定。此外，也有诸如具有和金、石油同等程度资产价值的"digix"（黄金代币）和"petro"（石油币）等分配到国际市场上价格相对稳定资产的稳定币。[12]

但是，由于这些是通过"某人来保证交换"而成立的，因此存在某人一旦消失，稳定币的价值也随之不复存在的风险。

[12] **法定货币抵押的交易案例**

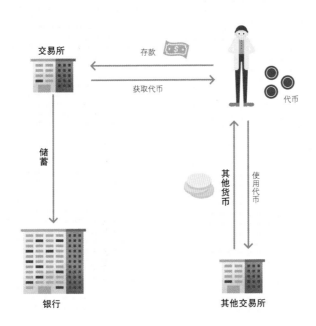

②以虚拟货币做抵押与货币交互的稳定币

在①的模式中，存在着以下问题，即不得不依靠在透明性和任意性上有问题的银行等集中式机构。为此，需要利用区块链平台以虚拟货币做抵押发行稳定币的项目。[13]

比如，在MakerDAO的稳定币项目中，通过将以太币抵押在智能合约的方式，就可以发行代币DAI。这时，通过调整以太币和DAI的价格在结果上维持1DAI=1美元的汇率机制，来实现不依赖集中式管理者的稳定币，这就是②的模式。

[13] **虚拟货币抵押的交易想象图**

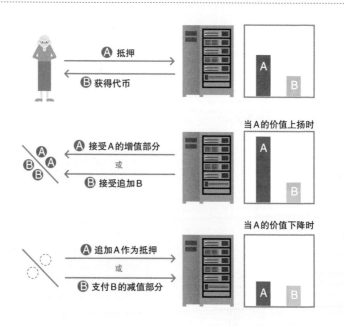

③不通过抵押而通过自动调节发行量的稳定币

虚拟货币价格不稳定最大的原因就是尽管需求变化非常激烈，却无法调节供应量。为了解决这一问题，如同政府所做的那样，发行在区块链上自动进行供应量调节的稳定币，即货币价值（价格）上升过快时增加供应量加以控制并对系统自身的发行收益进行存款。

当价值下降过多时，作为购买虚拟货币的资金使用来稳定虚拟货币的价格。[14]

诸如Basis就是这一类型的稳定币。在Basis中，系统自动发行和购买类似于国债的债券型代币。在Basis出现价格波动时，借助债券价值反向稳定Basis自身的价格。

[14] 自动调节发行量示意图

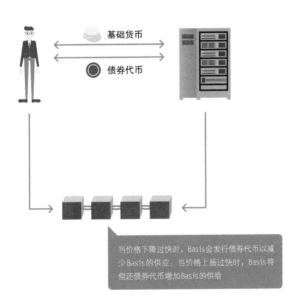

基础货币

债券代币

当价格下降过快时，Basis会发行债券代币以减少Basis的供应；当价格上扬过快时，Basis将偿还债券代币增加Basis的供给

◆ 问题：与现实世界的交互

解决方案：智能预言机（Smart Oracle）

如同A交给B某个物品、从B得到虚拟货币一样，出现了现实世界发生的事情成为智能合约的条件，另外作为区块链上的处理结果，在现实世界中进行某种处理。

向区块链内提供区块链外产生的现实世界信息的系统被称为"预言机"（Oracle）。预言机分为两种：一种是利用传统权威机构和审核机构、媒体以及数据银行等集中型信息来源的"中心化预言机"；另一种是利用数据收集算法和分散型预测市场系统的"去中心化预言机"或"智能预言机"。[15]

［15］智能预言机

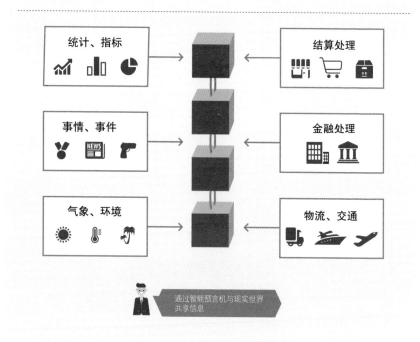

中心化预言机特别适用于要求高精度专业性的判断。在以往经营者发挥专业知识的文物鉴定、钻石鉴定等领域，中心化预言机依然是必要的。[16]

数据收集算法中的代表"Oraclize"基于真实性证明（authenticity proof）这一密码学算法，大量参考外部信息来源来判定其信息的准确性。

另外，去中心化预测市场是利用"群众智慧"的模型，对每一个"过去发生了什么、未来将发生什么"的主题下注，猜中则获得报酬，如果没有则没收下注费用。根据参加者的收益得失，可以决定更为准确的信息。

进而言之，通过从多个IoT硬件输入信息，也有可能实现不需要人介入的信息输入。

[16] 预言机的类型

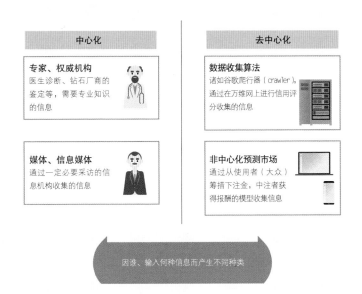

◆ 问题：人为过失　解决方案：接口

很多区块链服务都是假定使用者拥有一定程度读写能力而设计的。此外，由于没有管理者，在使用虚拟货币汇款时，将地址打错一个字，汇去的虚拟货币就无法再回到汇款人手中，因此存在着使用者因自身失误导致利益受到相应损害的案例。

区块链自身就是被称为"协议"的后台技术，在与使用者的接口上有各种问题。

今后，为了普及区块链，就自然必须提供让使用者感觉不到"正在使用区块链"的服务。各种服务的设计当然是必须的，支付和浏览器等接口的提升也是必不可少的。[17]

[17] 利用区块链的接口

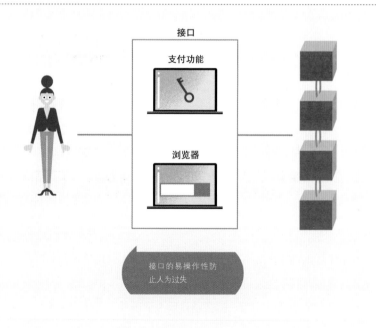

◆ 问题：可扩展性　解决方案：分散主链条的负担

比特币为开端的PoW区块链如果轻易提升处理能力，会出现对线路产生压力从而降低安全级别的情况。这种可扩展性问题是区块链技术史上争论最多的主题。下面将以道路为例说明区块链可扩展性问题的现状。

请想象一下道路宽度（主链条的处理能力）无法拓宽的状态。这条道路两侧有很多商店（DApps），进出这些商店的车成为交通堵塞的原因。[18] 这就是因使用DApps而使主链条马上处于超负荷状态的情况。现在，人们正在摸索如何以以太币为中心解决堵塞问题，主要有两种方案。

[18] **可扩展性问题**

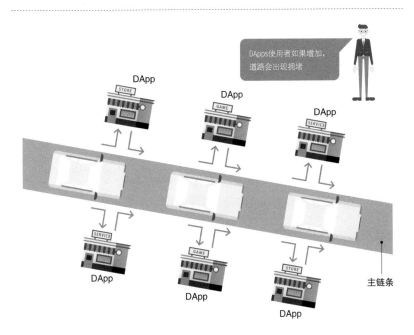

047

①通过分片技术（sharding）并行处理

为了保持交易的真实性，区块链所有的节点均在确认互联网的所有内容。这也是"堵塞"，即处理迟钝的原因。为此，这一设想是将互联网内部划分为并列的组，在各组内确认交易，并只将各组的确认结果提交主链条进行记录，从而使并行处理成为可能。这被称为"分片"。

还是用道路为例，在道路的正下方挖掘分为几层的隧道，通过让车辆在这些隧道分层通行，就可以不改变道路宽度而解决拥堵问题。[19]此外，在隧道的出口获取隧道内是否发生事故等意外情况的通行记录，并与原本存在的地面道路实现信息共享，由此维持主链条的正常。

[19]分片技术

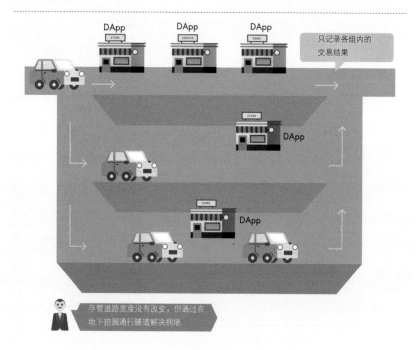

只记录各组内的交易结果

尽管道路宽度没有改变，但通过在地下挖掘通行隧道解决拥堵

② 通过侧链（sidechain）对结果进行整合处理

另一个方法是通过侧链对结果进行整合处理。这种方法制作通过保证金与主链条链接的另外的链并进行交易，交易结果将以任意时机记录在主链条上，以减少在主链条上进行交易的数量。以太币"Plasma"就是代表性的侧链方法。

比如建设只有商店的服务区，从而不影响主要道路的交通。在服务区出口记录服务区内的消费结果。[20] 通过这一方法，企业可以构建独自的侧链，并建设企业自己的DApps的运行环境。而以往建立了自己服务器的企业可以在建设自己的侧链时与区块链链接在一起。

［20］侧链

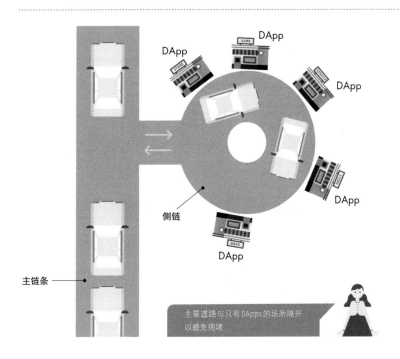

◆ 问题：确定性　解决方案：BFT的实用化

　　PoW的区块链上存在着结构性的确定性问题，即在"某项交易已经确认得到履行"的问题上有模糊之处。特别是在金融等需要严格正确性的情况下，这一点受到了质疑。

　　区块链通过将过去发生的事陆续转换成密码存储在区块中来确保区块链的整体坚固性。比如，比特币产生一个区块需要约10分钟，一般而言，6个区块连锁后方可处于"不可逆状态"，即得到确认。为此，在获得确认之前存在着时间差，即确认"现在钱在谁手里"需要花费一定的时间。

　　此外，在偶然情况下，区块会同时产生两条链，这时，更长的那条链会被视为拥有正当性，短链的交易会被处理为从最初就不存在。这一现象被称为重组（reorg）。[21]

　　还发生过有意引发重组、不进行共享，制作长链后回到互联网，覆盖正在进行正规交易的短链，从而导致双重支付的事件。

[21] 重组的产生

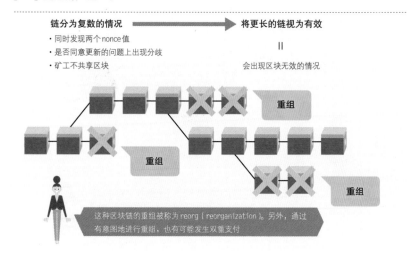

链分为复数的情况　　　　　　　将更长的链视为有效
· 同时发现两个nonce值
· 是否同意更新的问题上出现分歧　　　　=
· 矿工不共享区块　　　　　　　　　　会出现区块无效的情况

重组

重组

重组

这种区块链的重组被称为reorg（reorganization）。另外，通过有意图地进行重组，也有可能发生双重支付

对于对交易负有重大责任的金融机构而言，确定性的问题非常重要。设想的解决方案就是被称为"拜占庭容错"（Byzantine Fault Tolerance，BFT）的共识算法。BFT是将拥有交易承认权限的核心节点（验证节点，corenode）与仅能利用区块链的应用程序节点（被验证节点，appnode）分开使用的模型。[22]

将区块的验证与生成工作交给满足特定条件的核心节点，并在核心节点中设定领导者（leader）和追随者（follower）。追随者每次将承认的区块内容交由领导者确认处理，以避免发生分歧。

但是，仍有一个问题，即拥有重要权限的节点（领导者/追随者）谁来选出？是否值得信任？由于与比特币等不存在上下级关系的平台型互联网相比，这一模式更具集中型的设计思路，因此防止核心节点权力集中就变得十分重要。可以用去中心化方法选出核心节点等各种建议来解决这一问题，下一节将具体说明。

［22］核心节点与应用程序节点

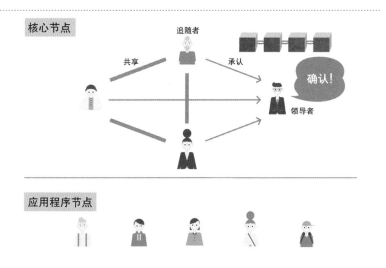

SECTION 15:

备受期待的第三代区块链

在区块链出现的问题逐渐浮出水面的今天，

取代以太币的第三代区块链正在日益受到关注。

新一代区块链具有克服比特币和以太币面临的问题、

利用稍具中心化的共识算法的特点。

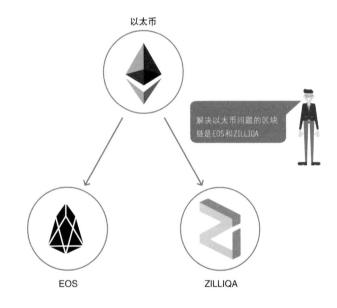

以太币

解决以太币问题的区块
链是EOS和ZILLIQA

EOS

ZILLIQA

◆ 重视可扩展性、利用dPoS（DBFT）的EOS

第三代区块链的典型代表EOS（同构分布式数据库）利用了被称为"dPoS（DBFT）"的共识算法，通过限定验证节点实现高扩展性和稳定的确定性。

dPoS是一个互联网参加者拥有与自己持有代币数量相应的"投票权"，通过选择和委任核心节点来决定核心节点的系统。也可以说是一个类似"基于投票的间接民主制"方法。

◆ 重视确定性采用PBFT的ZILLIQA

　　第三代区块链的ZILLIQA采用PBFT式的共识算法从而可立刻确认交易记录。同时，PBFT与上述的分片技术组合，可实现高速处理能力并保持可扩展性。

　　此时，通过为选出核心节点而设置PoW计算竞争来防止核心节点固定化和权力集中。这就是"对社会作出贡献者的间接民主制"性质的方法。与dPoS每隔一段时间用投票方式决定核心节点的EOS相比，ZILLIQA的PBFT则通过短时间的计算竞争频繁更换核心节点。［23］

［23］EOS与ZILLIQA的核心节点选择法

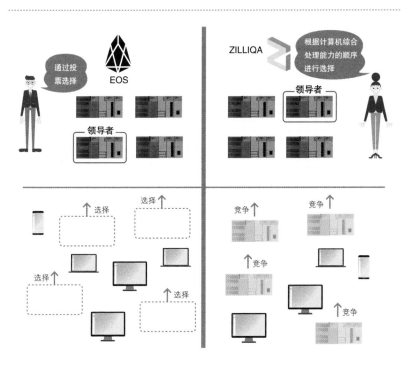

◆ EOS的概念与方向性

2017年，EOS作为"后以太坊"开始首次币发行，在大约一年时间里成功筹集到了空前绝后的总额约4300亿日元的资金。

他们的概念就是"驱动DApps的可扩展性与拥有基本OS的高性能区块链"。他们认为"如果将比特币比作计算器，以太坊比作iPhone，那么现在的以太坊就是不提供iOS的iPhone，一般人无法操作"，所以尝试提供保证基本功能的DApps操作系统。[24]

[24] EOS徽标体现出的概念

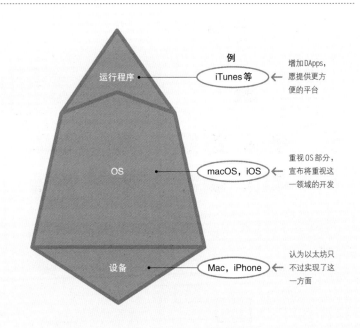

◆ ZILLIQA 的概念与方向性

ZILLIQA 是区块链发达国家新加坡的密码学研究者和企业家一起主导的平台型区块链。

他们是尝试将分片技术引入以太坊基础理论的倡导者，也努力实现前述拥有高性能处理能力的区块链。他们的区块链的特征就是，在极力维持区块链的公共性的同时使其拥有高性能处理能力。

现在，ZILLIQA 正迎来发布智能合约语言 Scilla，并公开主网（mainnet），向着独立开发的方向发展。

此外，为了构筑 ZILLIQA 的生态系统，ZILLIQA 正在与日本的 Ginco（笔者创立的公司）等世界各国的区块链项目进行合作。

◆ 平台型区块链的开发竞争

除了具有代表性的 EOS 和 ZILLIQA 之外，还有旨在后以太币时代的平台型区块链。目前，区块链业界呈现出"区块链 OS 全球争霸"的局面。其背景就是美国的谷歌、苹果、亚马逊等巨大 IT 企业统治着 Web2.0 的平台市场，因此作为 Web3.0 的平台，被众多用户和开发者使用具有重要意义。

美国的 aeternity、韩国的 ICON 等，世界主要大国都有代表各自国家的区块链平台。

此外，每一个项目以在创始期 ICO 筹集到的资金形成"财团"，对扩展区块链的 DApps 进行积极投资。由此带动了平台的整体发展，耕耘着众多项目诞生的土壤，以在下一代互联网上争夺霸权。

SECTION 16:

世界各国对区块链的管理与规制

世界各国已经开始了对虚拟货币市场和区块链业界的管理与规制，
出于"怎么看都比较危险"的理由，规制正在逐步失去平衡。

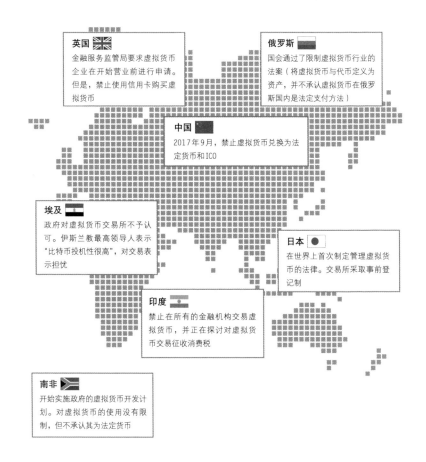

英国
金融服务监管局要求虚拟货币企业在开始营业前进行申请。但是，禁止使用信用卡购买虚拟货币

俄罗斯
国会通过了限制虚拟货币行业的法案（将虚拟货币与代币定义为资产，并不承认虚拟货币在俄罗斯国内是法定支付方法）

中国
2017年9月，禁止虚拟货币兑换为法定货币和ICO

埃及
政府对虚拟货币交易所不予认可。伊斯兰教最高领导人表示"比特币投机性很高"，对交易表示担忧

日本
在世界上首次制定管理虚拟货币的法律。交易所采取事前登记制

印度
禁止在所有的金融机构交易虚拟货币，并正在探讨对虚拟货币交易征收消费税

南非
开始实施政府的虚拟货币开发计划。对虚拟货币的使用没有限制，但不承认其为法定货币

　　日本金融厅只给现有的集中型交易所发放许可、认可。但是，这样的交易所较易受到黑客的攻击，区块链的安全特性无法充分发挥。

　　如果利用区块链钱包的资产管理与诸如DEX（非中心化交易所）的机制，则可以同时实现使用者的资产保障和交易，但由于政府将所有虚拟货币作为现实金融体系内的一个要素加以应对，因此规制也就无的放矢了。

　　而警察厅对与CoinHive挖矿有关的服务使用者一并检举的事件也引起了争论。

加拿大
虚拟货币相关企业有义务在国家金融标准委员会登记，没有登记的企业禁止与银行进行交易。大银行禁止用银行卡购买虚拟货币

美国
虚拟货币被视为有价证券并征收联邦税。有些银行不承认向虚拟货币相关账号进行国际汇款

墨西哥
中央银行认为"比特币是高风险投资"。上议院通过了虚拟货币管理法案。虚拟货币的运营商有义务在墨西哥银行登记

巴西
主要银行正在开展中止交易所服务、查封账号等取缔活动。虚拟货币被视为资产，投资者有义务申报交税

区块链实际应用的动向

在虚拟货币投资热潮趋向平静之中，
习惯于现有体系的一部分有识之士诸如"区块链乃无用之物"的发言有所增加。
那么，区块链的实际应用何时可以实现呢？

◆ 体现出实用化趋势的HYIP

根据美国IT研究咨询公司Gartner 2018年发表的HYIP（High Yield Investment Project，高收益投资项目）周期，区块链泡沫正在走向收缩，今后一段时期内，区块链将转向实现实用化的现实问题。［25］为此，仅仅煽动投机的诈骗性项目将会减少，逐步形成只有真正具有价值者才能幸存的严酷竞争环境。

◆ 解读信息的4个层面

在日本，与区块链技术有关的新闻也在增加，解读这些信息时存在以下4个问题。

①相关者较多（Who的问题）

②相关领域较多（Where的问题）

③各种于己有利的言论混杂（Why的问题）

④分散的话题也同样被提起（What的问题）

为了梳理上述4个问题，笔者将区块链行业分为4个层面，参见下图。

现在，开发核心技术的层面与开发针对普通使用者服务的层面之间还存在着一定的距离。出现可让普通人广泛接受的杀手级应用尚需时日，目前仍处于不断积累基础研究成果、逐一解决众多问题的阶段。

[25] HYIP 周期与区块链的进展领域

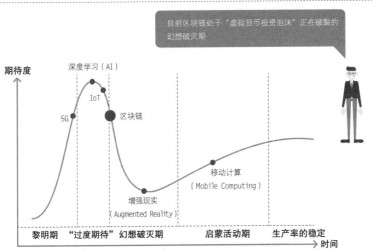

目前区块链处于"虚拟货币投资泡沫"正在破裂的幻想破灭期

期待度

深度学习（AI）

IoT

5G

区块链

移动计算
（Mobile Computing）

增强现实
（Augmented Reality）

黎明期　"过度期待"　幻想破灭期　　启蒙活动期　生产率的稳定

时间

根据 Gartner（2018年8月）制图

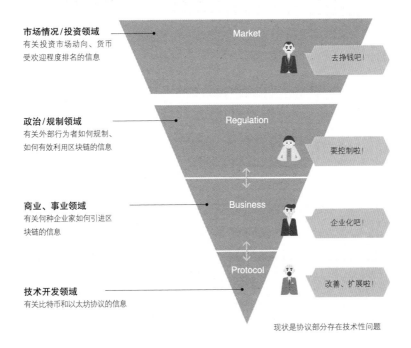

市场情况/投资领域
有关投资市场动向、货币
受欢迎程度排名的信息

Market

去挣钱吧！

政治/规制领域
有关外部行为者如何规制、
如何有效利用区块链的信息

Regulation

要控制啦！

商业、事业领域
有关何种企业家如何引进区
块链的信息

Business

企业化吧！

技术开发领域
有关比特币和以太坊协议的信息

Protocol

改善、扩展啦！

现状是协议部分存在技术性问题

☞ HYIP 周期：HYIP 是高收益投资项目之意。除了区块链之外，AI、5G 等尖端技术是"可预期高回报的程序"，已被认知并对其渗透周期进行分析。

区块链是什么？

1 区块链的基本特征

比特币的基础区块链是一个大家分担记录何时、何人、何事的机制。每一段时间的数据被记录在区块中，再由区块连锁性连接在一起。其特征是不存在管理者，也不易进行篡改。

2 区块链上的智能合约

智能合约是作为程序加入区块链，在区块链的机制中启动并自动进行契约的机制。第一个装载智能合约的区块链是以太坊。

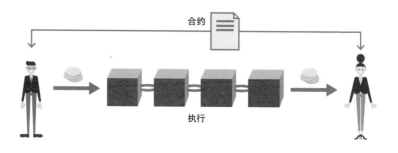

第1部分中，以比特币、以太坊为代表，对区块链技术从诞生到今天的发展历程进行了解说。现在对区块链的基础知识和进化过程再次进行简单梳理。

3 区块链的两个问题

随着世界上越来越多的人接触区块链，也就出现了各种问题。大致分为两大类：一是可扩展性、确定性等"技术性问题"；二是对价格易波动及不法行为进行规制等的"技术发展的伴生性问题"。

技术性问题
可扩展性
确定性等

技术发展伴生性问题
价格波动剧烈
不法行为等

4 如何克服这些问题

BFT型共识算法被认为是解决技术性问题的方案。可以同时解决两个技术性问题的EOS和ZILLIQA等所谓"第三代区块链"正在走向实用化。此外，价格波动较小的稳定币也登上舞台，区块链发展日渐多元化。

第一代　　　　　　第二代　　　　　　第三代

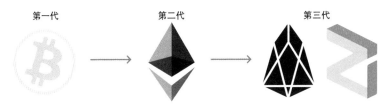

中本聪到底是谁？

虚拟货币比特币的起点是2008年发表的题为《P2P电子现金系统》（*A Peer-to-Peer Electronic Cash System*）的论文。通过阅读了这篇论文的技术者的开发，诞生了比特币，并成为区块链技术的基础，直至今日。

但是，论文作者中本聪的真实身份至今不明。有些自称中本聪的人出头露面，媒体也试图从各种信息中找到本人，但都缺乏可信性。

有人认为中本聪是假冒日本人的某个团队，也有人认为没有表明身份的原因是提倡（在结果上）否定中心性从而不宜在公共场合露面，可谓众说纷纭。

此外，还有人认为中本聪拥有大量的比特币，担心如果这位谜一般的人物抛出比特币，将导致价格暴跌，对市场产生严重影响。

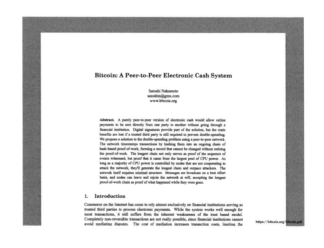

中本聪论文

PART

2

区块链的应用

区块链的应用范围与分类

区块链是从根本上颠覆以往数据与互联网的技术。

区块链最初以新的通货机制而闻名，

但现在却成为所有的事物都可以在个人间买卖、流通的"价值"，

各种系统正逐步向个人和去中心化转变。

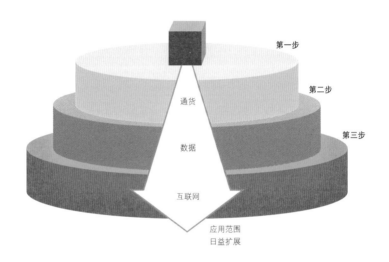

第一步

第二步

第三步

通货

数据

互联网

应用范围
日益扩展

◆ 对通货、数据、互联网产生影响

　　区块链最先产生影响的是金融领域。由于比特币的出现，正确记录存款余额、存取信息并相互交易的金融业等集中型的管理机构不再成为必须，个人间也可以进行交易。

　　数据的存在方式也发生了质变，旨在实现结合数字和模拟长处的服务。个人间可以交易的事物增加。其结果，互联网本身正在发生改变。

◆ 区块链的管理与运用

　　诸如比特币等基础区块链的去中心化，是由任何人都可以自由参加新区块的生成（挖矿）和源代码这一特点所支持的。

　　另外，在拥有区块链机制的同时，也可以通过部分主要行为者用集中型方式挖矿和更新源代码。

　　前者被称为"无须许可型"，即实现公共性与透明性很难被随意滥用的系统，但同时也面临可扩展性等区块链特有的问题；后者被称为"许可型"，在具备高度可扩展性、系统易于构建的同时，也存在围绕运行成本与优点集中于管理者的特点。［01］

［01］**区块链的类型**

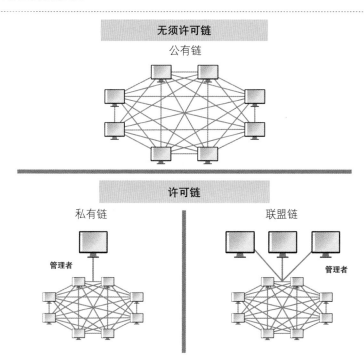

☞ 源代码：构建计算机程序和软件的字符序列。通过程序语言进行记录。

区块链实现的
新商业与社会

金融服务就是对有钱人与没有钱的人之间的交易进行融通和仲裁，
其中存在着管理者和中介者。
区块链的出现使这些不再必要，从而有望改变商业本身的方式。

◆ 实现更为自由的金融服务

　　以比特币为代表的区块链技术实现了没有管理者的钱财交易与仲裁。为此，诸如因办理手续而缴纳手续费等以管理者为主体的现有金融服务就会被新的模式所取代。

　　换言之，使用者作为主体进行自由价值交换的机制开始出现。这就是区块链用例（usecase）的基本。

◆ 数据处理中数字与模拟的融合

　　通过区块链，各种数据从"由值得信任的人保证正确性之物"变为"在公共系统中每个人都认可的正确事实"。由此，就可以像目睹现实世界发生的事一样进行数字数据的交易。这时诞生的用例就是区块链服务的第二个类型。大致而言具备3个特征。

公共数据库的一元化　　权利、价值的数字化　　数字资产的有限化与固有化

①数据库的公共、透明和一元化

传统的数据库是由管理者出于各自活动需求而独自建立和维护的。为此，会产生数据被滥用、出现对使用者而言的黑箱以及数据库之间很难相互使用等问题。

通过将不可篡改和复制的区块链作为公共数据库加以使用，可以构筑利益与负担不集中于特定主体的透明且具有连贯性的数据库。[02]

［02］利用区块链的最新数据库

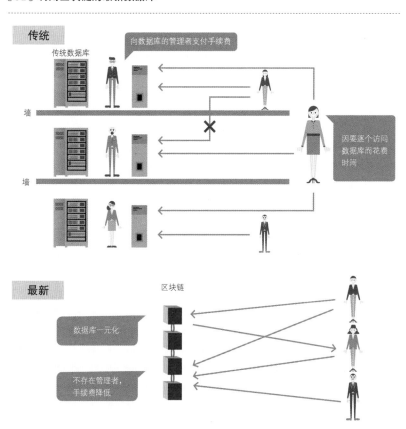

②权利与价值的数字化使用

　　与通货一样，权利与价值的管理也是需要严密性的领域。比如，权利书、合同等会被记录在纸张等物理性媒体上进行保管以不被复制和篡改。

　　记录在保证正确性的区块链上的信息，会作为明确的事实被半永久性地保存在互联网上。因此，以往只能由纸质媒体保证"准确性"的各种权利与价值也可以在数字世界进行交易。[03]

［03］利用区块链的合同

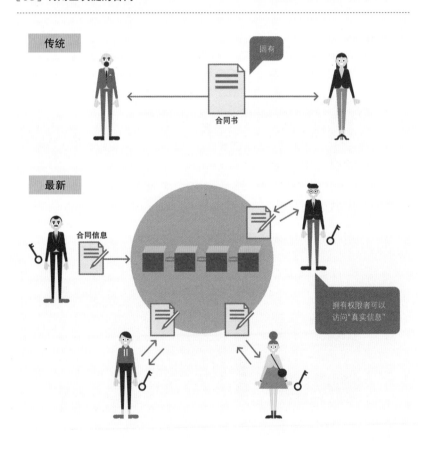

③数字资产的有限化与固有化

　　传统的数字数据可以无限复制，管理者也可以随意控制，由于具备这些特点，所以数字资产很难像现实世界的资产那样保值。

　　而区块链上的数据是通过没有管理者的系统产生的，具有有限性，因此可以将作为资产难以交易的数字数据和商品与现实世界的资产一样进行交易。[04]

[04] 利用区块链的数字资产

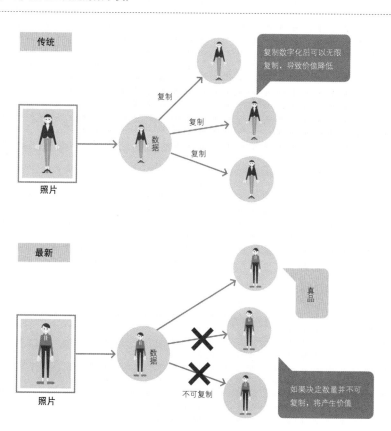

◆ 没有庄家的数字市场

区块链上，通过不经中介者进行交易的智能合约，以往必须通过庄家（中介者）方可成立的交易，现在在个人之间也可以轻松完成。

特别是在第二波浪潮中通过数字化形成的数据可以在个人间进行交易，将会产生所有事物都由数字交易的新兴市场。

这种新兴市场就是区块链用例的第三类。大致可包括以下5项。

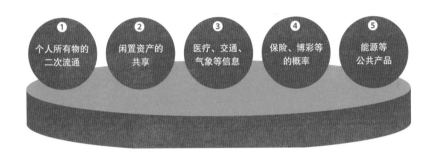

①个人所有物的二次流通

诸如 Mercari 的 C2C 市场，其实质就是企业进行匹配以及中介裁决（escrow）的 C2B2C 模式。随着区块链的普及，交易的中介和结算通过智能合约完成，从而在互联网上实现个人之间即可完成的自由市场。

②闲置资产的共享

以 Uber 和 Airbnb 为代表的共享市场也是通过拥有平台的企业进行交易的。个人之间的闲置资产共享与结算可以在没有管理者的情况下进行，一般的使用者就有可能得到更直接的利益。据称，已经占据了一定市场份额的共享市场商务因区块链而正在急速扩大。

③医疗、交通、气象等信息

我们在日常生活中就会产生很多一手信息。这些信息的所有权不归服务商的数据中心，而是通过建立个人间纽带推动大数据的民营化。医疗、交通、气象等由一部分企业和研究者进行数据化的信息也可能通过以个人为主体的交易获得利益。

④保险、博彩等的概率

没有庄家的市场发生根本性变化的，就是诸如保险、博彩等根据概率创造财富和进行再分配的商业活动。这些行业为了在避免不法行为的同时不使参加者产生不满情绪的情况下运营，无论如何也会存在中心管理型的庄家。而利用智能合约，则谁都有可能以平等参加者的身份利用这些系统。

⑤能源等公共产品市场

在电力等领域由民间生产并在民间交易成为可能。通过利用防止非法行为的区块链代币模型和智能合约，可以以统一价格在民间进行目前只能由电力公司购买的太阳能发电剩余电力的交易活动。

◆ 组织、集团、社会的去中心化

利用区块链不存在管理者的规则，执行系统有可能将组织运营、国家行政等世界的根本状态改革为去中心化的形态。这一点将在第3部分详细介绍。

☞ C2B2C: customer to business to customer 的简称。是指消费者之间通过电子商务企业的中介进行商务活动的模型。

金融业：
"资产"流动化与金融商品化

现在，在世界上流动的通货大部分是非实体的"存款货币"。

总之，与比特币并无重大差别，

进行维护记录和逐步更新的区块链将对整个金融相关行业产生重大影响。

◆ 降低现有企业系统运营成本

　　支持传统金融服务的系统运营成本高昂。基础系统的维护与安全、ATM等的现金流通、服务窗口的运营等都会产生成本。而通过应用区块链技术构筑基础系统，可以降低这些运营成本，并以低价格实现高效的汇款、结算服务。

各种金融DApps

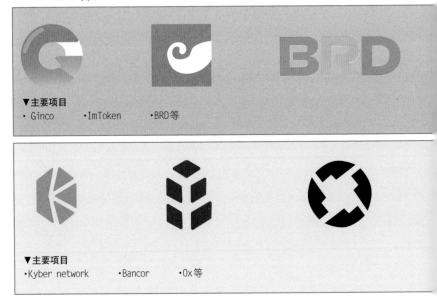

▼主要项目
· Ginco　　·ImToken　　·BRD等

▼主要项目
·Kyber network　　·Bancor　　·0x等

◆ 降低企业与使用者的准入门槛

由于不使用传统的通信网、数据库和保险库等物理性基础设施便可以运营相对稳定的系统，因此可以在金融界降低企业的准入门槛。此外，与货币交易相关的纠纷处理与仲裁的负担也因智能合约自动处理而得以减少。整体而言，不用在意零售和中介付款的手续费而易于使用金融服务，由此吸引小资金顾客的C2C型金融服务将得以普及。

◆ 服务、个人、内容都是"资产"

企业发行本企业的债券和证券等作为代币，这些代币可以通过相对交易进入流通。由于不仅仅是企业，服务、个人、内容等都可以代币化，因此进入市场流通的金融商品总量将迅速增加。

存取款、管理、结算

在区块链上处理资产时，顾客基本上有必要掌握各自的密钥自行管理，而为此使用的工具就是区块链钱包。钱包不仅仅可以安全保管财产，也可以确认投资组合和存取款、结算等。使用区块链钱包的QR码结算方式与信用卡、Suica等现有结算服务相比，具有引进简单、使用成本低的特点。

汇率、货币兑换

区块链上的服务和与这项服务相关的代币（虚拟货币）紧密相连。但是，为了在服务之间无缝利用这些货币，需要通过代币兑换抵押互联网整体的资产流动性。现在，虚拟货币交易所部分承担的这一功能，通过智能合约等实现自动化的旨在去中心化的机制被总称为"DEX"。

▼主要项目
•HARBOR　　•POLYMATH

证券（Security）

澳大利亚、德国等国的证券交易所正在引进以区块链为基础的系统。此外，对通过首次币发行推动的自由证券化进行管理的美国等国家，政府正在与现有的证券公司合作推动POLYMATH等透明、健全的证券平台的建设。

在日本也有作为个人证券化平台而受到关注的VALU服务，也将在进一步建设后逐步实现。

▼主要项目
•ETHLend　　•Compound

融资、贷款（Lending & Loans）

到目前为止，金融机构展开的通货借贷等，会随着区块链技术而发生变化。特别是现在大量的虚拟货币在交易所和区块链钱包中处于闲置状态。利用智能合约，这些"闲置虚拟货币"或可用于个人自由借贷给他人收取利息或贷款。

▼主要项目
•PolicyPal　　•B3i

保险（Insurance）

保险领域中利用区块链主要集中于以下4点。

首先，通过将保险金缴纳金额移到无法改变的账本上，可以起到消除保险业界一般性诈骗因素的作用。

其次，通过智能合约实施的共同收支总账和保险合同将可以使损害保险的效率上一个新的台阶。

再次，通过区块链，医疗记录会在加密后在被提供保险者之间共享，从而提高健康保险生态系统的互通性。

最后，通过使用智能合约签订再保险合同，区块链可以使保险公司与再保险公司之间的信息与支付流程变得简单。

▼主要项目
・Bloom

KYC · 信用评分

金融领域问题之一是如何确认服务使用者本人的问题。传统金融机构负责的信用审查就是在确认本人的前提下实现交易的。

在区块链上，个人信息转化为密码后进行记录，只有在个人同意的情况下才会提供可参考此信息的平台，因此个人可以在不依赖金融机构和政府承认的情况下判定交易对方的信用。

▼主要项目
・BitGo　・Xapo

虚拟资产托管

区块链虽然是去中心化系统，但并不是说所有人都可以通过自己负责、自己管理来运用资产。这时，接受使用者资产的委托，在区块链上管理资产，就是被称为"托管"（custody）的商务模型。

由于通过利用GoldWallet可以对大笔资产进行物理性保管，因此作为取代个人管理责任的模型应运而生。

▼主要项目
・Augur　・Gnosis

预测市场

预测市场是指在区块链上记录和确认现实世界中将发生/已经发生的事。在区块链上，由于数据输入是分散进行的，因此互联网的参加者有必要将大量的数据输入到区块链上。

针对这一问题，预测市场就是在区块链上收集更多的人认为正确的事实和预测，将其结果作为现实的判断材料，并用于预测未来的机制。

房地产：
超越国境的自由交易

由于国际性房地产交易平台的出现，

使用虚拟货币结算不需要中介手续费，

通过智能合约履行交易。

◆ 信息管理成本与巨额手续费

现在房地产的交易手续中会产生中介商手续费、汇款手续费、交易合同、登记所需的时间成本、使用书面文件对这些信息进行管理的成本等。在高额房地产交易中会有巨额的资金流动，向中介商支付的手续费对于当事者而言是沉重的负担。

国际房地产交易中还存在法律问题。出现过因为规则不完善导致无法顺利交易并产生不法行为的案例。

◆ 实现国际房地产交易的Propy

Propy是使用区块链的代表性国际房地产交易专业平台。在这个平台里，引进了虚拟货币PRO结算、智能合约履行交易等手段，从而实现了不需要中介的P2P交易。

Propy在区块链上记录下来的房地产信息，任何人都可以随时参考，透明度极高、安全且管理成本较低。

进而言之，Propy建立了有关房地产国际交易的框架，从而使以往复杂的国际房地产交易可以更为无缝地进行。如同在Airbnb网站预约房间一样，可以简单地检索海外别墅、公寓的空房，并直接向房产拥有者发送信息。[05]

[05] Propy 的运营机制

汇款

权利转移

同步

Propy

房地产登记处

同步

无手续费

外国

动产（艺术品、贵金属）：
版权在线证明成为可能

活用区块链技术，

不仅可以保护版权和所有权等权利，

利用智能合约，

也可以减少艺术品交易的巨额手续费。

◆ 非法行为造成的60亿美元受害额

世界艺术品市场因非法行为而造成的受害额每年高达60亿美元，其中的80%来自赝品。这一问题的起因在于艺术品在创作、向收藏家或美术馆出售、赠送、转让时的交易记录没有得到正当、透明的记录与管理。

此外，为了证明艺术品的所有权，还必须办理复杂的手续和相当数量的书面文件登记。这时如果伪造了发行证明书，赝品就会被伪装为真品。

◆ 可以减少版权、所有权的手续成本

区块链上管理美术品的版权、所有权和交易履历的Verisart可以透明、低成本地记录上述信息。

现在，为了证明艺术作品版权而发行证明书时，会产生时间、手续费、制作数量庞大的书面文件、记录与管理等各种成本。但是，如果使用了Verisart平台，这些手续可以在网上简单解决而大幅度削减上述成本。

此外，在区块链上记录的信息，每个人都可以随时简单地进行确认。这不仅可以保护艺术家的版权，还可以保护美术馆、收藏家的所有权。[06]

［06］Verisart 的运营机制

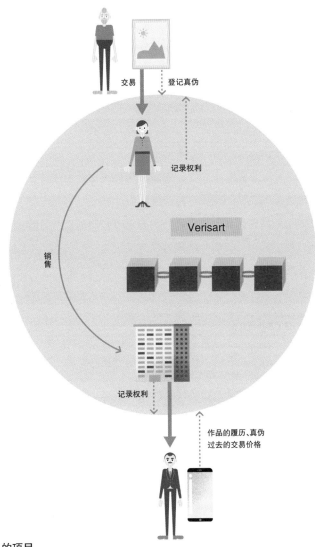

交易　　登记真伪

记录权利

Verisart

销售

记录权利

作品的履历、真伪
过去的交易价格

▼相似的项目

Ascribe：保障所有数字艺术所有权的平台
Binded：对照片数据进行版权登记和流通管理的平台

供给链（制造、零售、物流业）：
商品流程全部可视化

一件商品从制造到送到消费者手中的全过程被称为"供给链"。

区块链技术可以使数据库公共、一元和透明化，并防止各种不法行为。

◆ 篡改数据库进行伪装

尽管供给链上存在众多企业，但很多情况下每个企业都有自己的数据库，而维持数据库之间的磨合也将产生成本。

此外，企业拥有数据库意味着有可能篡改告知消费者的信息和商品的实际流程。特别是食品、商品的假冒伪劣问题等，供给链的正确运营对消费者而言就是区块链在身边的实例之一。

◆ 钻石从采掘到销售均可追踪

通过在区块链上进行商品交易，从生产制造到加工、物流、销售等众多企业参与的复杂供给链可以实现一体化运用。

此外，在区块链上的记录无法篡改且易于跟踪，因此消费者可以掌握商品从购入直到拿到手中的整个流程。

Everledger对钻石供给链的追踪可谓这一领域的使用范例。该平台可以防止成为冲突资金来源的"血钻"和通过伪造鉴定书篡改价值，使消费者安心购买钻石。[07]

［07］Everledger 的运营机制

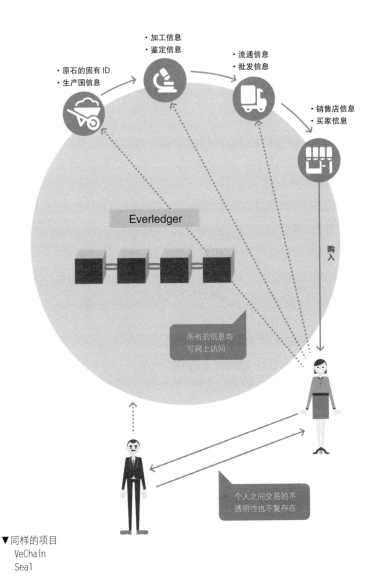

·加工信息
·鉴定信息

·流通信息
·批发信息

·原石的固有 ID
·生产国信息

·销售店信息
·买家信息

Everledger

购入

所有的信息均
可网上访问

个人之间交易的不
透明性也不复存在

▼同样的项目
VeChain
Seal

◆ 减轻运输业者负担的BiTA

在连接生产者和消费者的供给链中，最重要的就是运输和物流业者。推动将区块链技术引进到以卡车运输业为中心的物流业界的BiTA就是尝试通过区块链解决卡车运输业的问题。[08]

BiTA的优点在于不仅可以防止篡改运输记录和安全管理记录，还可以利用智能合约在卡车到达时立即现场支付运费，使卡车的维护和工作时间等运输活动可视化。相关企业之间的合作可以更加紧密从而有利于提高品质，在进行合理劳动管理方面也可发挥积极作用。

[08] BiTA的运行机制

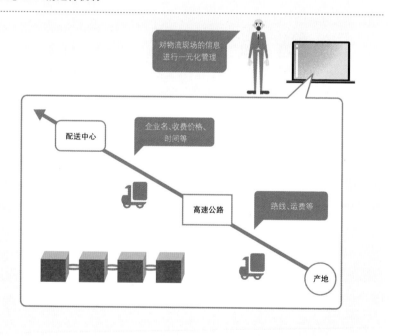

◆ 向消费者公开商品所有信息的 Shping

有些项目也尝试构筑不仅是品牌商品，访问商店的消费者希望购买的产品信息均可在第一时间访问的系统。以澳大利亚为据点的 Shping 就是通过使用应用程序扫描商品码追踪商品的采购源和原材料。此外，消费者也可以检查产品得到的认证、营养和过敏物质等信息、产品召回情况等。[09]

此外，由于可以对来店消费者提供作为互动和酬谢的虚拟货币，零售业的数字市场也将得到发展。区块链带动的供给链进化正在将零售市场变为消费者至上的形态。

[09] Shping 的运营机制

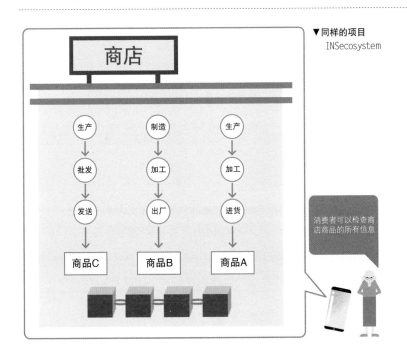

▼同样的项目
INSecosystem

商店

生产 → 批发 → 发送 → 商品C

制造 → 加工 → 出厂 → 商品B

生产 → 加工 → 进货 → 商品A

消费者可以检查商店商品的所有信息

媒体广告业：
没有管理者也可发布报道

建立可以像微博一样投稿，其他用户可以阅览、评论的区块链平台。

◆ 向广告商、媒体运营商支付的中介手续费

以往的社交媒体中，作者经由广告商在记事报道中登载广告，通过读者阅览和点击，或登载网络联盟营销内容等获得报酬。通过读者阅读报道等产生的广告收入中，很多都被广告商和媒体运营商作为中介手续费榨取了。

此外，比起写"质量上乘、可信度高的报道"，优先考虑访问量造成了质量低劣的报道泛滥成灾。

◆ 通过虚拟货币给予高质量报道报酬

区块链上建立的社交网络平台Steemit是为社群的形成、社会性交流提供支持的区块链。

Steemit会发行在平台内流通的虚拟货币STEEM作为给作者和读者的报酬。作者通过投稿报道得到的STEEM的数量由读者的评价决定。

此外，读者亦可以通过对投稿报道进行评价得到STEEM。由于报酬来自读者的评价，所以作者会专注于写作质量和可信度都高的报道以获得读者好评。报酬体系由智能合约进行规制，从而不会被中介者榨取。[10]

[10] Steemit 的运营机制

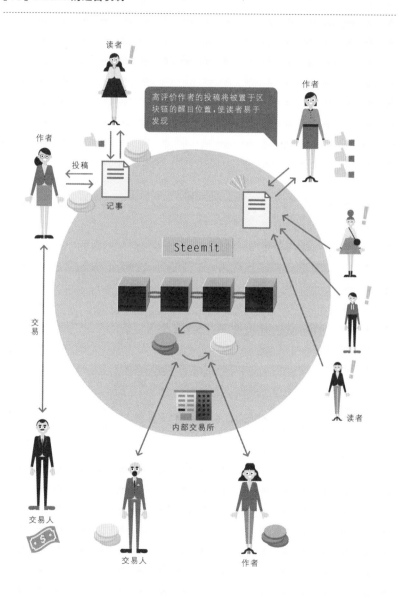

音乐、内容产业：
防止非法上传

利用智能合约保护创作者的权利，
确保合理的报酬以保证创作活动的平台。

◆ 音乐家面临的三个问题

①音乐数据被非法上传，导致得不到应得的报酬。

②被音乐流媒体服务的运营商和唱片公司收取手续费，且这些费用用途不明。

③收到印花税需要时间。

鉴于上述原因，不管是否受欢迎，没有经济实力的音乐家就无法继续其音乐活动。

◆ 使用虚拟货币支付收费音乐和报酬

2017年8月正式投入使用的Musicoin就是利用区块链和智能合约的音乐内容产业销售平台。

将音乐上传的音乐家可以随时监视音乐到了何人手中，多少人收听或收看等信息。

此外，Musicoin不收取中介手续费。听众在Musicoin支付的收视费自动交给音乐家。上传音乐的音乐家将再次以决定好的分配率，利用智能合约将收视费分给与音乐制作相关的人。所有的支付与报酬分配将自动进行，并全部在区块链上予以记录。不仅仅是音乐家，听众等所有人都可以随时进行确认，以防止非法行为。[11]

［11］Musicoin 的运营机制

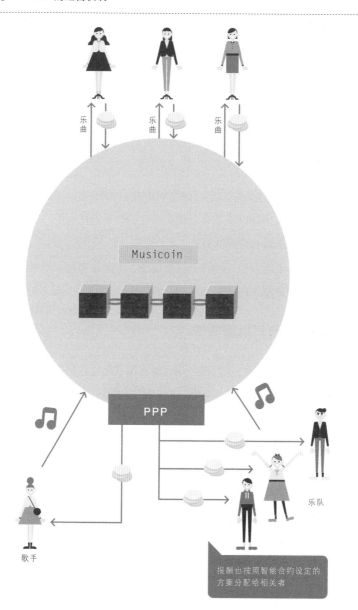

娱乐游戏业：
在游戏之外交易游戏道具与卡通人物

通过将游戏内事件和道具作为区块链上的数据，

人们可以不依赖游戏运营商，

在游戏外进行交易并将这些带入其他的游戏。

◆ 收费道具也马上失去价值

　　随着智能手机游戏的普及，世界的游戏市场规模超过了 15 兆日元。特别是现在的游戏市场以煽动贪图侥幸心理的收费系统为中心，因此游戏内的物品（道具）具有很高的价值。

　　但同时，一个游戏的平均寿命正在变短，因此，出现了千辛万苦得到的游戏内资产却可能不得不马上放弃的情况。

◆ 赋予游戏内资产以流动性

　　只要购买和获得的游戏内资产还存放在游戏厂商的服务器上，就不可能使这些资产拥有流动性。因此在区块链上建立游戏厂商可以参与计划的平台，使其中游戏内资产货币可以作为代币进行交易，这就是 GameXCoin（GXC）的运营机制。

　　游戏厂商通过智能合约发行与自行开发游戏配套的首发代币，用户可以通过在各个游戏内活动得到代币。

　　GXC 的平台内有去中心化的交易系统，可以兑换代币。用户可以出售已经得到的游戏内资产，并购买新游戏中的道具。[12]

[12] GameXCoin 的运营机制

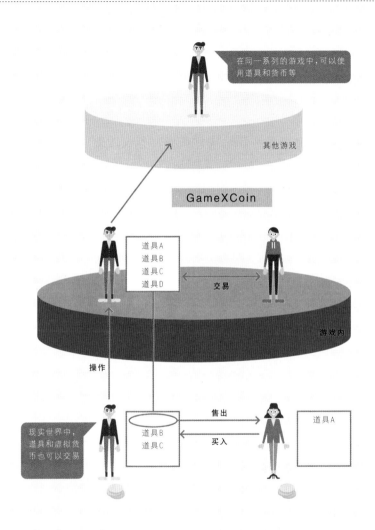

▼相似的项目

BitGuild
LoomNetwork

医疗福利行业：
通过整合数据库提升医疗保健

目前，在区块链上管理医疗记录，

如果信息拥有者许可，

区块链使用者就可以参考这些记录的项目正在实施之中。

◆ 不仅仅是患者，医疗机构也承担着巨大成本

患者的病例和医疗记录由各家医院保存。患者在去其他医院看病时，有必要拿着转院单，也要自己说明病情，这就有可能延误发现疾病的时间。

同时，医疗机构为了得到治疗和药剂研究所必要的数据也有成本。为此，缺乏数据和资金的研究机构和企业是无法进行大规模研究的。

◆ 一揽子管理患者信息降低成本

将患者医疗信息记录在区块链的MedicalChain一旦得以应用，任何一家医院都可以参考患者的诊断和治疗记录等信息。可以降低患者说明病情、医生填写转院单等产生的成本。

研究机构和企业可以直接请求患者公开医疗记录，如果要购买数据，将会以更低的成本得到可信度高的信息。

进而言之，保险公司可以获得不经伪造的患者信息，有助于决定保险金，避免因保险欺诈受到损失。在MedicalChain向保险公司公开医疗记录的患者，可以享受保险公司提供的代币或打折优惠作为报酬。[13]

［13］MedicalChain 的运营机制

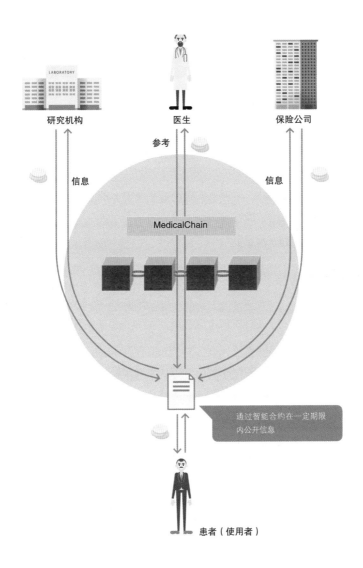

研究机构　　　　　医生　　　　　保险公司

参考

信息　　　　　　　　　　　信息

MedicalChain

通过智能合约在一定期限
内公开信息

患者（使用者）

人力资源业：
学历与工作履历的公共数据库化

在区块链上记录毕业证书和学位信息、
有利于企业招聘工作的项目正在取得进展。

◆ 成为全球问题的学历、履历欺诈

根据2012年的调查，每一年颁发的毕业证书中，欧盟高等教育机构是400万张，美国的大学是400万张，中国的大学是700万张。大学独自颁发数不胜数的重要文件，为严格保管数据花费了大量成本。

此外，世界各地都有制造和贩卖伪造毕业证书的商人，企业有必要在鉴别真伪的问题上花费成本。

◆ 分散管理成本、作为公共数据库加以利用

BC Diploma，是可以在区块链上记录大学等高等教育机构发行的毕业证书和有关学位信息的项目。

以往高等教育机构各自花费的管理成本通过区块链记录得以分散，并可以作为公共数据库加以利用。[14]

如果所有的教育机构都利用BC Diploma，伪造学历就会失效。由此可以避免企业雇佣不需要的人才而遭受损失。这样，就有可能消除全社会的"揭谎成本"。

[14] BC Diploma 的运营机制

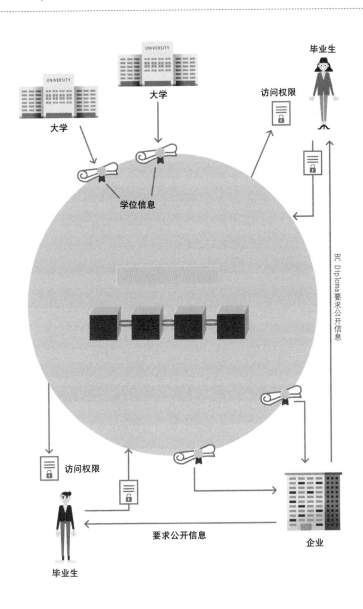

☞ 揭谎成本：为了揭穿假冒学历、履历，有必要进行包括鉴别证明书真伪在内的身份调查，这需要花费巨大的成本。毕业证明书的伪造交易正在国际化。

能源业：
使用智能合约进行P2P交易

在剩余电力的交易中心，

不像以往以电力公司为中介，

而是旨在构筑个人间电力供给网的项目正在发展之中。

◆ 收购价格的低廉和电量损失

在日本，民营企业和利用太阳能家庭发电的一般家庭如果要将剩余电力出售获利，只能卖给电力公司。其收购价格由经济产业省规定，一般认为将低于年年下降的家庭缴纳电费的单价。

此外，电力从发电站通过远距离输电线送往各个家庭。如果送电距离远，电阻将会产生电量损失。

◆ 由需求和供给决定销售价格的平台

现在利用智能合约技术构建个人间电力供给网（微电网）的项目正在发展中。美国能源企业LO3Energy正在运营EXERGY项目，这个项目参加者包括消费者、使用太阳能家庭发电的一般家庭（生产消费者）和电力公司。生产消费者和电力公司向消费者出售电力以获得利益。此时，电费并不是固定价格，而是由销售方和购买方根据供给需求决定的。

此外，除了电力交易得到的利益，作为参加EXERGY的报酬，还可以从EXERGY得到代币。由于所有交易都通过智能合约进行，所以没有中介手续费。[15]如果微电网建立起来，则近距离送电成为可能，电量损失也会减少。

[15] EXERGY 的运营机制

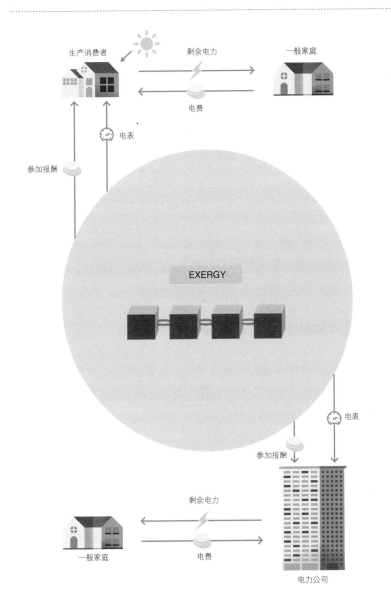

政府部门：
分散型公证平台

为了避免土地权利书、出生证明等重要数据遭遇盗窃、篡改等危险，
防止特定权力集中的平台正在开发之中。

◆ 各级政府对重要数据的一元化管理

现在，日本土地权利书和出生证明等重要文件和数据由各级政府管理。管理需要人工费、系统使用费等成本，并潜藏着被盗、遭遇黑客、被篡改、删除等危险。

此外，在有些国家，还会发生拥有权力的一方向土地所有者出具篡改的土地权利书以攫取土地的案例。而原本就有不进行出生登记一直生活的人，他们还会产生无法开设银行账户等次生性问题。

◆ 无法篡改的安全Factom

在区块链上，Factom作为实现了数据无法篡改安全管理的去中心化公证平台，从2014年开始使用并加强着与各国政府部门的合作。在Factom上，除了成为基础的记录管理区块链之外，还在开发住宅贷款管理的Harmony、有关信息访问权的dLoc等。由于在区块链上进行记录，无法篡改、安全且透明度高的数据可以被半永久性记录和管理，由此避免遭遇黑客和被盗，以及被拥有权力者篡改等问题。

如果得到信息拥有者的许可，任何人都可以随时参考记录信息。[16]通过这一方式，可以省掉人们为了证明身份和所有权而去政府部门相关服务窗口进行书面登记，以及仅仅为了申请信息公开而去政府部门的麻烦。

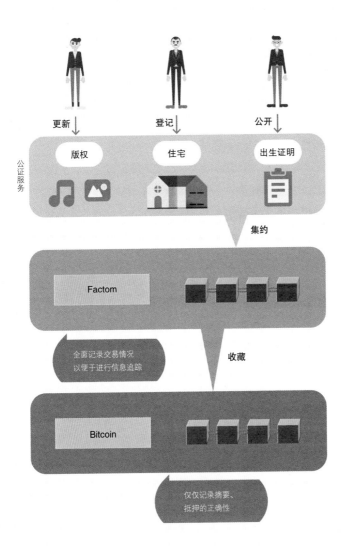

[16] Factom 的运营机制

更新

登记

公开

公证服务

版权

住宅

出生证明

集约

Factom

全面记录交易情况
以便于进行信息追踪

收藏

Bitcoin

仅仅记录摘要、
抵押的正确性

气象环境业（大数据）：
通过个人或企业参与推动研究

气象信息的大数据是由世界各地的研究机关、企业和个人

独自进行调查和提供的。

利用区块链将这些数据进行集约，

并使其可在世界范围内平等利用的努力正在开始。

◆ 收集和使用数据需要庞大的投资

传统的大数据是企业、研究机关利用各自的服务器和观测系统收集到的信息。比如，日本每天的天气预报和导致灾害的台风等气象数据就是由气象厅等大型研究机构保存的。个人和小型民营企业即使想从事这方面的研究，购买观测仪器自不必说，数据管理等也开支巨大。

不仅仅是气象，地质、天文研究等利用全球规模大数据的事业也需要投资，因此准入门槛很高。

◆ 提供全球气象情报的WeatherBlock

WeatherBlock是为了收集气象数据以利于研究而开发的平台。平台使用小型仪器收集全球各地的气象信息并记录在区块链上，并提供给加入该区块链的个人、企业和研究机构。

参加者向WeaterBlock报告各自所在地区的气象信息，并接受代币作为报酬。使用这些报酬，参加者可以在区块链上购买数据或兑换为货币。提高信息流动性、活用数据的新型商务的出现将有助于行业的蓬勃发展。[17]

此外，可以运用全球信息一元化并平等利用这一方法的范围十分广泛，甚至可以期待用于将来的宇航事业。

[17] WeatherBlock 的运营机制

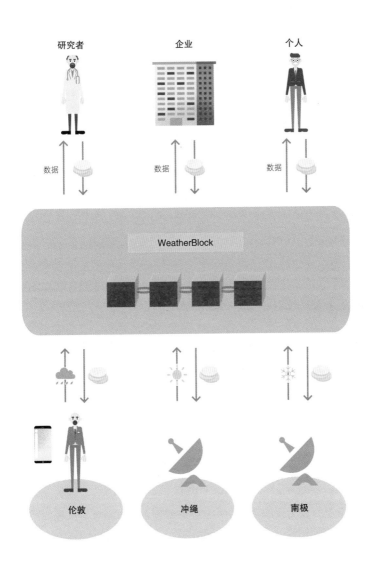

共享行业：
后Airbnb与Uber

由于存在运营主体，因而产生了使用费用。

摆脱传统的C2B2C模型，使用智能合约，

实现从匹配到交易均不征收使用费的共享。

◆ 手续费、纠纷、机会损失等问题

现在，使用像Airbnb等租房共享服务平台时会收取10%—22%的手续费。租户在平台出租时，这一部分费用会算在房租中。

此外，当因室内用品发生破损导致纠纷时，解决方式或是向运营商通报，或只能与运营商谈判。有些房主担心纠纷而不愿出租房屋，有些访客不想使用服务，从而产生机会损失。

◆ 通过智能合约使相互利益最大化

旨在新一代Airbnb的房屋共享服务平台Beenest利用智能合约，不收取手续费，从而使出租房屋收益的租户和想尽量低价租到房屋的访客的相互利益实现最大化。

此外，当发生纠纷时，将从平台内使用者中选出5人以上参与纠纷的解决，通过他们的投票判断过失所在。被判定过失责任方将向受害者支付代币Bee作为赔偿金。参与解决纠纷的人也将得到代币Bee。

在Beenest平台上还存在租户和访客间的评价体系。相互评价将记录在区块链上，作为无法篡改的信息得到管理，并可在下一次使用服务时作为参考。[18]

［18］ Beenest 的运营机制

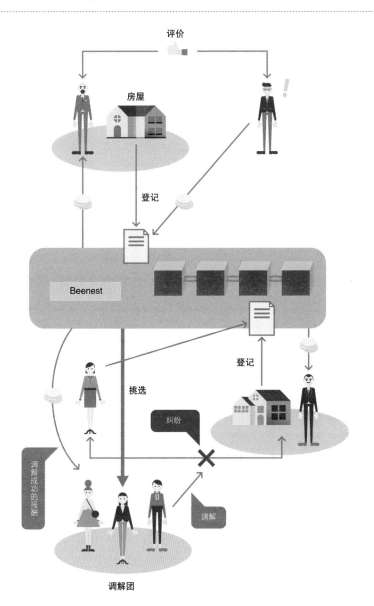

评价

房屋

登记

Beenest

挑选

登记

纠纷

调解成功的报酬

调解

调解团

人才派遣公司：
使用P2P匹配众包

将希望不花费成本就得到人才的企业
与希望消除因工资和劳动时间产生不安的劳动者结合的
区块链平台正在开发之中。

◆ 企业方面与劳动者方面各自的问题

在人才派遣行业里，雇佣人才的企业存在着"寻求符合需要的人才成本巨大""劳动时间管理成本巨大"等问题。另外，在劳动者方面也存在着"工作时间外的劳动没有支付报酬""中介商收取工资""派遣员工低工资劳动"等问题。

要从根本上解决这些现实问题实际上非常困难，不匹配的问题时有发生。

◆ 尝试减少人才派遣中的过度提成

ChronoBank平台将寻求人才的企业与单纯劳动者（打扫卫生等基本上不需要特殊技能的职业的就业者）联系在一起。

ChronoBank可以记录劳动者的技能和评价，并根据企业的需求推荐劳动者。同时，劳动者可以在智能合约上打卡，以调整时间避免发生工作时间外劳动的情况。在打卡的基础上，劳动者会得到LH代币作为报酬。

ChronoBank尽管是不需要中介商的平台，但为了服务的运行和发生纠纷时进行解决，会收取一定的手续费。但是，收取的手续费被限定在企业支付雇员工资的1%，不会造成派遣劳动中的过度提成。[19]

[19] ChronoBank 的运营机制

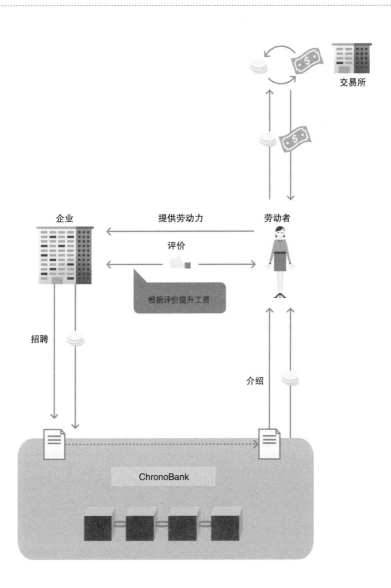

区块链会给商业模式
带来怎样的变化

1 金融自由化进一步发展

以比特币为开端的区块链实用化首先给金融业带来了变化。除了低成本的数字化结算和个人间汇款外，投资与融资、保险等都在不断向着更开放、更具流动性的方向发展。此外，一般性服务也开始具备金融性侧面。

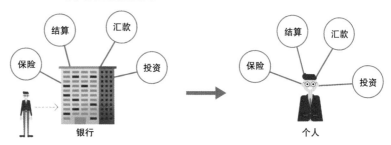

2 数字数据的利用范围扩大

数据将具备有限、固有和透明的性质。"因为是数字化所以无法做到""因为是现实所以无法做到"的情况将逐步消失。此外，持不同立场的人都可以平等地利用数据。由于无法简单篡改，所以数据被记录为众所周知的事实。

第2部分用具体案例说明了利用区块链可以做些什么，会使现有的机制和商务模式发生什么样的变化。其内容大致总结如下。

3 个人间的直接交易将日趋活跃

在买卖等交易中，以往由管理者（运营公司、代理店）等进行的中介和仲裁等业务将由区块链实施。其结果是手续费等成本将会降低，人工等也可以节省，从而活跃了个人间的直接交易。

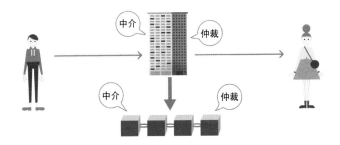

4 个人得到利益的机会增加

以往没有得到承认的各种个人信息将会产生价值。提供自己拥有数据的机会将增加，人们会有意识地去思考对其他人有用的信息是什么，以及自己去收集数据。进而言之，每一个行动都会被视为对服务的贡献，有利于积累股份型资产。

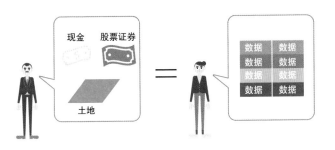

用比特币成为亿万富翁：
文克莱沃斯兄弟的野心

日本把通过虚拟货币交易资产和收益超过1亿日元的人称为"亿人"。当然，在美国也有很多亿人，2018年号称世界排名第4的亿人就是文克莱沃斯（Winklevoss）兄弟。

1981年出生的双胞胎文克莱沃斯兄弟在哈佛大学念书时与Facebook创始人扎克伯格相识，并请后者建立社交网站。后来扎克伯格创立Facebook，两兄弟起诉扎克伯格盗窃了他们的创意，最终两兄弟得到了和解金，并用其一部分投资了比特币，此时正值比特币价格暴涨，他们拥有了总额超过10亿美元的资产。

文克莱沃斯兄弟又创设了虚拟货币交易所Gemini，并申请比特币ETF（将比特币作为投资对象，使其可以像股票一样进行交易）的上市许可。尽管已数次申请，但始终没有得到美国证券交易委员会的认可。如果得到许可，作为在世界上屈指可数的比特币拥有者，两兄弟的资产还会增加。

文克莱沃斯兄弟将拥有的数量庞大的比特币的地址写在纸上，再将纸分成20小片分别保存在美国不同地区的保险箱中。在某种意义上可被称为"虚拟货币最强保管法"。

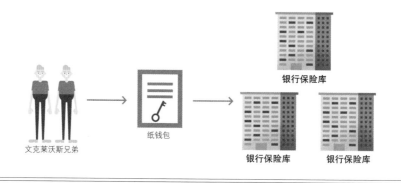

银行保险库

文克莱沃斯兄弟

纸钱包

银行保险库   银行保险库

PART

3

区块链带给我们的未来

未来技术与区块链

第2部分介绍了区块链融入社会并诞生了各种各样服务的具体案例。

第3部分将介绍今后区块链将会给哪些领域带来变化。

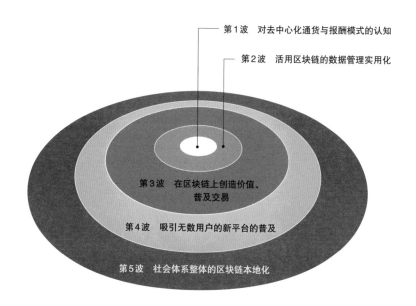

第1波　对去中心化通货与报酬模式的认知

第2波　活用区块链的数据管理实用化

第3波　在区块链上创造价值、普及交易

第4波　吸引无数用户的新平台的普及

第5波　社会体系整体的区块链本地化

◆ 从提出问题开始创造未来

比特币起源于对现存货币体系的质疑。比特币的体系正在世界范围内推广，今后也将进一步进化。人类正是通过先人的伟大发明才一步步地前进的。也可以说，发明就是某个疑问的解决方案。

船、文字、蒸汽机车……正是有了这些发明，才有了我们今天的生活和社会。未来也将从疑问中创造。

◆ 与未来科技匹配良好的区块链

人工智能（AI）和虚拟现实技术（VR）等最尖端技术与区块链非常匹配。支持这些技术的就是被称为"革命"的互联网信息通信。

但是，为了技术的普及，仍有一些必须解决的问题。而这些问题或许可以通过与区块链的结合而得以解决。

此外，区块链与最尖端技术的一体化可以发挥扩展利用范围的作用。在这个意义上，区块链有可能成为互联网之后的基础设施。笔者将予以详细说明。[01]

[01] 利用区块链的未来技术

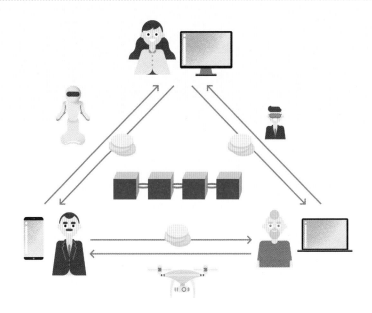

人工智能与区块链

被称为可以取代人类的人工智能，

其本质的学习功能存在着获取和共享数据的问题。

通过与区块链技术的组合，

将使降低 AI 安全风险并具备较高判断能力成为可能。

◆ 科幻世界中的机器人社会无法实现的理由

"通过程序和数据分析，拥有与人类同样能力的人工智能"被称为 AI。计算自然不在话下，AI 是还可以理解人类语言，并可以从经验中进行学习的机器人。AI 的未来可以被描绘为由机器人取代人类在所有现有和将有的场所进行活动。

但是，现实却不会像科幻那样发展。为了实现机器人可为人类作贡献的社会，大致需要解决两个问题。

①数据中心的巨大化和安全

AI 如果不能获取数据进行学习，就不可能取代人类。为了取得数据，就必须对每一个判断与思考进行是否正确的反馈。为此，不可或缺的数据中心将不断扩大。如果有黑客侵入这样的数据中心，所有的终端都有可能发生误操作。总之，通过中央管理型的数据库维持所有的数据将有可能增加社会整体的风险。

②与各种机种共享数据

自动驾驶的汽车机器人、遛狗的步行机器人都在街上行走。为了让这些完全由不同厂家（生产国家不同）制造、规格也完全不同的机器人互相识别而不至于发生事故，并相互之间自治控制，就有必要达成某种一致。

◆ 区块链可以扩展AI使用范围的理由

上面提到的问题有可能通过区块链加以解决。通过将各AI连接到区块链型的去中心化数据库则很难发生全球规模的故障，并顺利实现数据的跨国共享。

此外，在AI相互之间推测对方行动时，还可以与AI的自治控制相配合，利用代币支付等方式调整利害关系。如果可以共享一惯性的报酬体系，不同厂家、不同规格的AI之间也可以进行合作。[02]

[02] 利用区块链的AI设想图

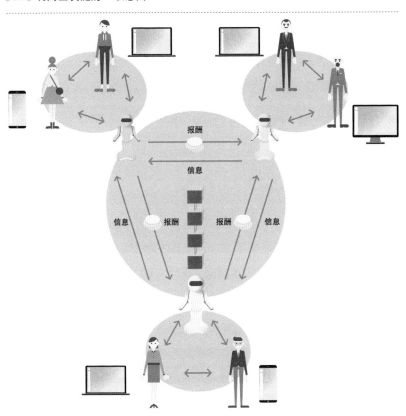

生物识别与区块链

随着区块链融入社会，密钥日益重要。

这个数字串可以将所有信息连接在一起，

证明自己身份的事物或许不再成为必要。

解决生物技术植入人体也……

◆ 在大拇指和食指之间的微芯片

在对数字化信任度较高的瑞典，将微芯片植入大拇指和食指之间的人正在增加。这种芯片将发挥车票、信用卡、卡片钥匙的作用，不用再随身拿着钱包。而记入"植入微芯片"的数据应是什么呢？

在不到1KB容量的芯片中记录包括"个人身份认证"和"可进行交易基本信息"等内容，可以满足这些要求的就是区块链密钥。

◆ 通过文身一样的密钥进行生物识别？

请想象一下区块链的未来。在那里，不仅仅是交易等使用通货的领域，日常生活中的所有行动都离不开密钥。

现在，虚拟货币的交换等使用了交易加密的方式，但由于区块链与个人识别匹配良好，相信将来最终每个人都会通过一个密钥管理自己的资产、履历和病历等信息。

总之，不必拿着钱包、存折、居民证、护照、毕业证明、病历、会员卡、家和车的钥匙等，只要凭着一个集约了所有个人信息的密钥（或对此进行管理的钱包）就可以生活。

密钥原本就是数据容量极小的数字串，与瑞典植入人体的微芯片相比，可以做得非常小。通过对人体造成负担更小、不会有抵触感的极小化的终端，就有可能完成日常生活中的所有交易。

如果在手指尖植入芯片成为指纹的一部分，像文身那样刻在身体上，管理密钥进行个人识别和交易，数字化结算也将向着更加流畅的方向发展。［03］

［03］**生物识别利用区块链！？**

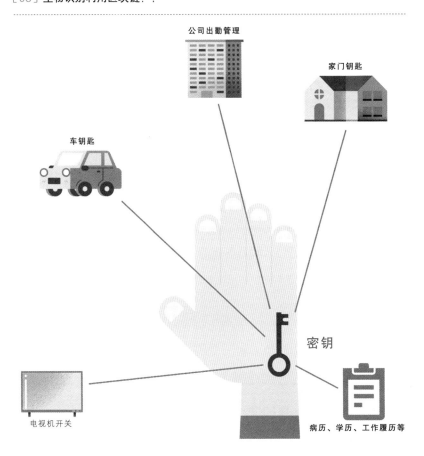

公司出勤管理

家门钥匙

车钥匙

密钥

电视机开关

病历、学历、工作履历等

☞ 瑞典的生物识别：将记录有个人信息的微芯片植入人体（手等）的技术在北欧发展较快。在瑞典，芯片代替车票、作为车钥匙等技术，正在不断实用化。

虚拟现实技术与区块链

以计算机图形描绘出的真实世界作为舞台的电影、将现实世界加工后加入场景的游戏都已经面世。

如果将这些与区块链组合，就有可能发现比娱乐更宽广的应用范围。

◆ 创造虚拟现实而非虚拟体验

虚拟现实技术（VR）就是"使通过计算机制作出的环境看似现实世界的技术"。这项技术已经得到了广泛应用。但是，电影、游戏的虚拟现实技术，只是企业开发、运营以获得利益之物。使用者也只是将其视为娱乐而进行虚拟"体验"而已。

要想成为虚拟"现实"，什么是必须的呢？如果真要生存下去，经济活动是必须的。也就是说，在VR空间进行某种活动时必须得到价值。

进而言之，如果离开谷歌回到现实世界而没有了有效的价值，那么结果上就以"体验"告终。由于VR是由电子数据做成的，所以一切都可以无限复制。比如，在VR世界无论得到多少金币，如果无法在现实中使用，价值还是零。

区块链可以使VR世界中的金币拥有有限性，防止伪造，并变成现实世界中使用的"有价值之物"。实际上，可以交易VR空间中道具的Decentraland平台就使用了区块链。

◆ 旨在扩展VR世界的区块链

区块链还可以将VR进化为更加现实的世界。如同上文所述，现在的VR是由企业开发和运营的，在资本上存在局限性。

　　但是，在区块链上自律分散性地开拓VR空间则有可能在此工作并得到报酬，以实现借此维持生活的目的，当然，也可以实现与其他VR空间的往来。[04]

[04] **利用区块链的VR设想图**

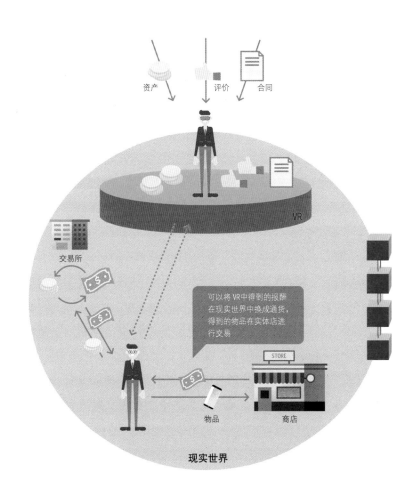

小型无人机与区块链

从数字内容产业用于外观摄影的直升机，

到战场上使用的侦察机、战斗机等，

无人飞机安全吗？会不会被恶意使用？人们始终被这些不安困扰。

区块链可以提高安全性。

◆ 无人机商业的发展与课题

经常会出现亚马逊等电商用户剧增和再次配送等服务问题导致快递行业从业者疲于奔命的新闻。特别是在日本，少子高龄化不断加剧，有人担心还有没有可能继续维持对人口稀少地区的配送服务。

目前，旨在提高便捷性的快递无人机正在法律层面和机体开发上向着实用化方向发展。如果实现了实用化，物流业界将发生重大变化。

但是，为了真正实现无人机快递，就必须解决以下两个问题。

①避免发生坠机事故

根据美国联邦航空局的推算，到2021年为止，美国国内包括个人爱好和工作用的无人机数量将有可能超过500万架。如果很多无人机都在空中飞行，无人机之间、无人机与飞行员之间，以及无人机和自动飞行系统之间的数据交换将急剧增加。此时，如果数据共享和自治控制无法顺利实现，就存在撞机和坠落的危险。

实际上，意在融合无人机与区块链技术的Distributed Sky平台，就是尝试在互联网之间同步无人机飞行数据和ID数据，对无人机进行跨国管制。

② 搭载结算功能

如果无法在配送到达地点结算运费和在餐饮店等当场结账，而仅仅负责配送，那么无人机的适用范围将会变窄。

为了解决上述问题，引进区块链是最为合适的方法。

◆ 无人机遨游天空的未来世界

请想象一下不单是代替人从事快递服务的无人机遨游天空的景象。比如，个人所有的无人机租予他人用于其他用途，在个人交易中使用不同虚拟货币的人当场进行结算等，这些终究离不开区块链。[05]

[05] 使用区块链的无人机服务设想图

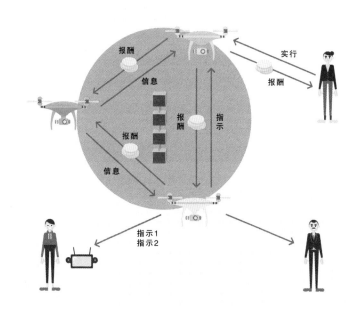

☞ 无人机快递：活跃在测量和农业领域的无人机，目前正在日本长野县等地的山区和人口稀少地区，持续进行旨在实现快递实用化的飞行试验。

物联网与区块链

区块链与物联网（IoT）的关系与已经介绍的最尖端技术略有不同，

比起通过组合扩大活动范围，

更是为了活用而互不可缺的一组关系。

这是什么意思呢？

◆ IoT 应该解决的几个问题

　　IoT 就是 "Internet of Things"，即物与物连接互联网并加以控制的技术。举一个易于理解的例子，比如最近开始销售的向厨房电器发送食谱的电冰箱。这种冰箱一边管理冰箱内的食品，一边提出食谱建议，如果主人决定了食谱，烤箱、电锅等即开始自动准备烹饪。此外，空调监测房间温度以避免中暑的机制也属于 IoT 的实用案例。

　　这些 IoT 的问题主要在于安全和操作失误。IoT 终端必须使传感器、摄像头等信息收集终端处于在线状态，因此存在着遭遇黑客攻击个人因素和受损、发生火灾、盗窃等灾难的风险。特别是如果通过企业数据服务器的所有 IoT 设备都遭到黑客攻击，那么损失将十分惨重。而去中心化（分散型）且可正确运用的区块链将为这些问题提供解决方案。[06]

　　另外，如果要进入不同 IoT 设备也可顺利合作的阶段，就有必要在终端之间进行即时结算。2016 年起步且现在与大众汽车等大型企业进行合作的 IOTA 就旨在实现这些微支付。

　　IOTA 的 DAG（Directed acyclic graph）数据模式尽管与区块链存在若干不同支持，但在通过去中心化分散式记录终端交易来保持数据库整体的一惯性这一点上，二者是相同的。

◆ 区块链实用化不可或缺的IoT

为了能在日常生活中广泛利用区块链，IoT是必不可少的。这是因为，为了通过身边的物品发出信息、控制操作，将区块链上发生的事情和现实世界中发生的事情进行同步，IoT的传感器和通信仪器是必须的。或许可以说区块链和IoT技术就像一辆车子的两个轮子。

[06] 与区块链一同得到活用的IoT

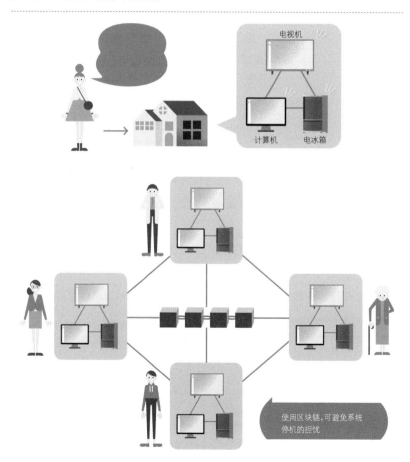

☞ 微支付：通过电子结算的小额支付方式。以往小额结算会对企业产生成本，但是虚拟货币可以利用区块链的机制使这成为可能。

SECTION 07：

互联网与区块链的未来

由于互联网的普及，世界发生了巨大的变化。

首先，以我们的生活为视角回顾一下什么是IT革命。

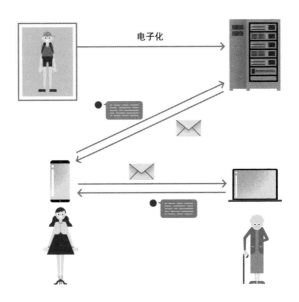

◆ 因IT革命成为可能的事情

　　书、照片、视频等固有存在的事物通过成为电子数据，可以不受数量限制、低成本地进行复制。总之，很多有限的事物成为无限。

　　此外，在购物时，我们仅仅是接受价值（单向），而由于电子邮件、SNS的出现，我们可以对所购物品的价值讨价还价，从而可以对价值的多少进行反馈（双向）。

◆ IT革命无法做到的事情

另外，也出现了有限的事物因被无限复制而使价值无法流通的情况。具体而言，作为物品拥有价值的漫画书、音像DVD、音乐CD等被盗版后，每一册、每一张、每一首的价值都在下降，几乎变成了免费赠送。如何赋予作为电子数据且可复制的事物适宜的价值变得困难。

其结果是，财富在向可以稳定提供流通信息和内容的苹果、谷歌、亚马逊等企业集中。此外，尽管因IT革命，数字货币等得到了普及，但是这些货币的价值只能通过管理者才能维持，银行等管理者反而变强了。

因此，稳定价值并使其流通变成了只有一部分平台才拥有的特权。[07]

[07] IT革命产生的管理者与使用者的主从关系

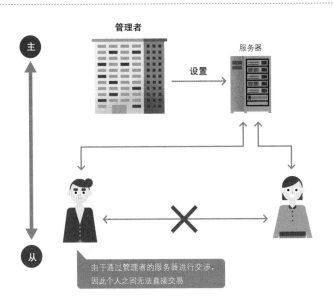

由于通过管理者的服务器进行交涉，因此个人之间无法直接交易

☞ IT革命：互联网发展带来的各种制度的改善与结构改革。自20世纪90年代后半期开始，日本的流通和商贸交易发生了戏剧性的变化。

SECTION 08:

因区块链而改变的个人活动

IT 革命使所有的事物都可数字化，

从而使更多的事情成为可能。

进而区块链走上舞台会对个人行动产生何种影响，

发生什么变化呢?

◆ 无现金的普及

如果区块链得到普及，虚拟货币可以在日常生活中使用，则在电子货币、信用卡等集中式数字货币交易之外，个人之间的交易可以以无现金的方式进行，从而提供比传统机制成本更低、更为方便的结算服务。

此外，如果所有的代币在互联网空间里都可以顺利交易，那么不仅特定的商品和服务交易，个人间各种价值的交易也将得以实现。

◆ 激活最适合个人爱好的经济活动

区块链普及后，进一步强调个人爱好与专长的生活方式将变得容易。为何这样说呢?

在区块链的某个场合（服务平台、社群）中，通过做自己想做的事情进行某种贡献，就可以得到代币。得到的代币在现实社会、其他场合都可以取代货币使用。在某个国家得到的价值或许在其他国家也可以使用。束缚个人的诸如"国境和界线"的限制将变弱，人们可以选择流动性更强的活动场所。像以往那样，即使不满，因"现在再去做太麻烦"而不得不继续使用特定服务的事情将不复存在。在某个环境中得到的代币可以兑换为适合其他环境的代币，从而可以改变自己的生活。

◆ 工作方式、生活方式的选择增加

通过拥有代币，可以了解"这个人从事了什么活动，具备什么样的能力（因此才获得了代币）"。总之，可以将自己积累的经验、能力和特长作为向对方提出主张的工具，而拥有代币。这与在Twitter上积累"点赞"数可以保证此人发布信息能力一样，代币将成为个人人生的投资组合。[08]

获得生活收入的场所增加，则工作场所和内容也可能因工作地点的变化而改变。当认为自己的个人价值可以提升时，只要自由参加即可。尽管日本的终身雇佣机制已开始崩塌，容忍员工从事副业的企业正在增加，但在区块链普及的社会中，或许"副业"会变成理所当然的事情。

[08] 代币在现实社会中的使用机制

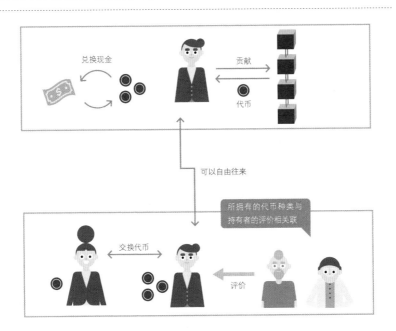

因区块链而改变的组织

之前提到区块链可以使个人选择自己的工作场所和工作内容。

而组织会因为区块链产生什么变化呢?

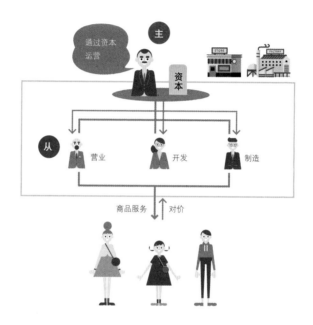

◆ 自上而下是资本主义的企业形态

在资本主义世界，企业是由企业最高领导以自己持有的资本为基础进行组织运营的。企业员工使用资本公积（Additional Paid in Capital）生产商品，商品交易得到的利益交给企业，再由企业最高领导将利益分配给企业员工。

企业采用由上至下的方式，通过资本进行运营，并以增加资本作为目的，并形成最高领导为主、员工为从的关系，只要从属于组织就不会改变这一结构。此外，也会出现不劳动者仍可领工资的情况。

◆ 改变组织方式的DAO模型

通过活用区块链，可以创造出与资本主义模式大相径庭的分布式自治组（DAO，Distributed Autonomous Organization）。DAO的意思是参加者各自按照自己目的行事的去中心化组织。

这种组织的结构如下：

①制定产生价值的规约（协议或智能合约）

②赞成规约者参加

③基于出资确立服务

④服务获得的价值（利益）将根据规约分配给参加者

以往负责执行规则和支付报酬的企业最高领导被没有管理者的程序所取代，由平等的参加者得以实现组织。[09]

[09] **基于规约运营的区块链服务**

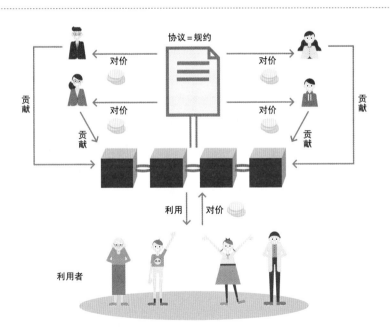

◆ 通过投票进行决策

DAO不存在一般意义上的最高领导和管理人。组织的决策由全体参加者投票决定，根据在③、④阶段作出多少贡献，得到相应的报酬。

因此，DAO并不是企业，或许更接近于通过告知一个带有报酬模式的项目吸引自由职业者并各自进行创造的组织。

◆ 管理者不再成为必要

近年来，颇受商业人士瞩目的管理形态之一就是青蓝色组织（Teal organization），与先前介绍的DAO机制一样，在这里，所有参加者的地位都是平等的。

在青蓝色组织中，不存在上司命令部下从事某项工作的事情。每个人都是平等的，在思考"企业应该如何存在"的同时进行工作，只追求实现目标。在这里，是不存在所谓管理层职位的。

总之，这是一个个人思考在组织中为了获得价值应做些什么的同时，发挥个人作用为组织作贡献的组织。包括通过合议制进行决策在内，与区块链的新组织十分相像。

◆ 组织也在流动化

一般而言，建立和运营企业成本巨大，而由于区块链最初就提出了规则，因此不需要这些成本。

如果所属员工的意识发生变化，不需要传统的管理层，仅仅因属于组织就能得到好处的事情也不复存在，那么组织的存在方式也自然会改变。

此外，以喜欢从事某项工作这种个人动机参加的人，大多数并非出于"对企业的忠诚"，而是因为对组织提出的理想和实际努力产生了共鸣。为此，在易于吸引动机高的参加者的另一面，参加者的流动性也高，

"雇佣成本"被分调到了"宣传组织的理想和努力，维持舒畅环境的成本"之上。

此外，由于服务向全世界提供，因此世界各地都会出现和这个组织有关的工作。[10]

而在区块链上开发DApps这样的项目时，如果最初的开发目的已经实现，那么其成果就会从组织资产变成公共产品，除了保持必要最低限的维护和管理人员外，核心开发者将转移到其他的服务开发中。

总之，就像组织本身在反复进行设备改装一样，这一模式并不是传统的农耕型商业模式，而是不断接近涉猎、采集型的商业模式。

[10] 利用区块链的工作方式

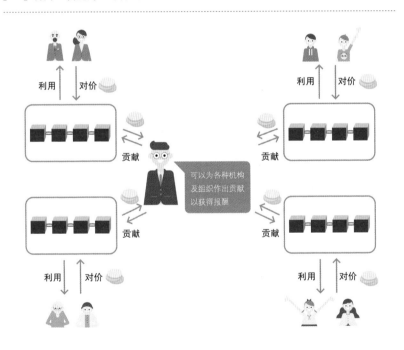

SECTION 10:

因区块链而改变的经济圈

由于区块链的出现,

除了传统意义上的货币之外,数字化现金也登上了舞台。这对经济产生了很大冲击,

甚至可能改变现有的服务方式。

◆ 资本主义社会中的通货

首先说明日元和美元等法定通货。这些通货是在特定的地区流通并可以进行结算的"货币"。货币作为衡量事物价值的基准而存在,也发挥着交换商品、事物和服务的结算作用。此外,还可以进行保管和保存以防后患。

在资本主义世界中,货币由国家管理的中央银行发行。为货币价值提供抵押的是国家(中央银行)的信用。

◆ 通货使用的范围——经济圈

可以使用货币的范围基本上就是发行货币国家的信用可以波及的范围,比如日元在日本,美元在美国。在日本,测算商品和事物价值的基准是日元。如此,就形成了以日本为中心的日元经济圈。

随后,信用卡面世,可以在信用卡公司(发行主体)信用的基础上进行交易。

但是,信用卡公司不会发行新的通货,始终只停留在发挥日元结算手段的作用。

IT革命后出现了电子货币,但这也是将日元等法定货币通过电子化进行利用的机制,能使用的依然只限于法定货币的经济圈。

在此通过列表比较比特币等虚拟货币与法定货币、信用卡、电子货币的不同。[11]

◆ 比特币出现后的变化

　　只要有互联网，比特币就可以在世界上所有地方使用。不存在发行主体，而是基于区块链自动发行。因此，只要有人希望持有，就不会失去价值。现在，可以使用虚拟货币的商店和服务正在增加，但提供商店和服务的一方则接受法定货币。如果提供商店和服务的一方也接受虚拟货币，也可使用虚拟货币的新经济圈就会不断扩展。

　　此外，通过在不同服务领域发行不同的虚拟货币，将会产生独自的经济圈。而这些经济圈什么地方发展活跃，什么地方有前途，人们可以进行主体性的选择。

[11] 区块链（虚拟货币）的经济圈

● 密码货币与法定货币、电子货币比较图

	向其他人汇款	可以进行结算的范围	管理主体
虚拟货币（公共）	国内外均可、成本低	世界各国可使用该货币的商店	无
虚拟货币（私人）	国内外均可、成本低	在流通区域内可使用该货币的商店	有
电子货币	不可	在流通区域内可使用该货币的商店	有
法定货币	如果跨国使用则成本较高	国内所有地区	有

虚拟货币的经济圈

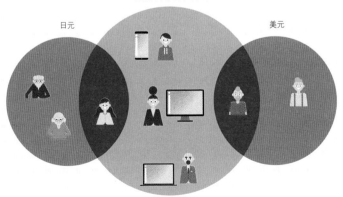

因区块链而改变的价值观

新经济圈的出现也会带来商业的变化。

现在我们感受到的价值观念将发生重大变化。

社会会变成什么样子呢?

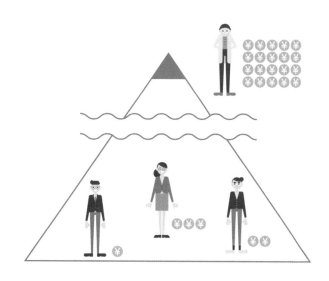

◆ "有钱人真了不起的社会" 将会终结

在以往的日元经济圈里，拥有更多日元的人处于有利地位，可以得到好的物品和服务。为此，为了获得更多日元的行动被置于最优先的地位。如果不是拥有巨额日元的人，不可能发展、管理和运营事业。"怎样才能挣钱"的价值标准浸透了整个社会。但是，现在，这种统一性的价值标准正在一步步地显示出局限性。

◆ 正在发生各种价值的浪费

近年来，以千禧世代为中心、不拘泥于以钱为主轴的传统价值观的消费倾向受到了关注。随着生活方式的多样化，呈现了重视与意气相投的朋友相处时间的倾向。

但是，在反映这种价值观的社交网站中，却没有与经济活动直接相关的价值标准与资产的流动性。参加用户在这里进行的活动（投稿），即使被"点赞"也得不到相应的报偿，转到其他社交网站时也无法继续得到网友的数据。原本应该是用户资产的评价和网友信息无法自由使用，而运营社交网站的企业却能以这个用户的投稿和网友为基础得到广告收入。

因此，现代社会和社群中，大多都将人们围在土地和平台里，使其产生价值的浪费以获取利益。[12]

[12] **现在社交网站服务的框架**

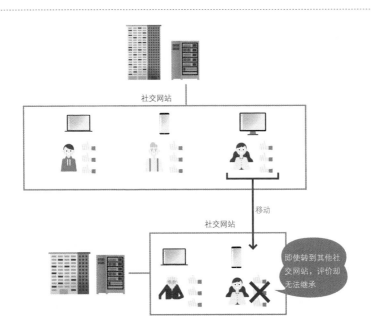

☞ 千禧世代：这是从美国开始使用的词汇，指21世纪初走向成年的一代人。在互联网普及的环境中成长的数字化世代，在日本与宽松教育世代相吻合。

◆ 区块链带来的价值流动化

在世界上几乎所有的情况下，都是企业家通过中央集权建立支配性的平台。企业家成为主人，参加者无论怎样都只能服从。但是，区块链却可以轻易地摧垮这种结构。

比如，如果在社交网站上的"点赞"通过区块链技术变成代币，那么就可以通过交易转换成其他平台上的价值。此外，由于个人识别与密钥这一数据相连，因此多个服务之间拥有互通性，较易转换到其他服务中。

因此，用户可以在转换各种服务的同时，将评价与信用作为资产进行运作。

◆ 对社会有益之物将留下

如果现在社会中不被认可为价值的事物成为价值，并进而流动，那么将会发生什么呢?

如果没有了系统上的壁垒，企业的生存之道只剩下去尝试提升物品和服务质量，就会下功夫让用户感到"拥有并使用了这件物品和服务，将会有好处"。只有企业家获利（得到价值）的物品和服务在区块链的机制中将很难形成。

如同上文已说明的那样，用户方面可以自由选择自己使用方便的服务，并且可以考虑在使用这种服务的同时提高自己的价值。

◆ 实现"有钱不是万能的"社会

从逻辑上或许可以将资本主义经济归结为"有钱即有了一切，除了金钱以外的追求均无意义"。由于获得评价的标准只有获得更多的钱财，因此所有的人都在朝着这个方向行动。此外，为了追求金钱，也会产生很多非法行为和犯罪。

但是，区块链的密码技术排除不确定性，创造出了不法行为与犯罪在经济上无法获利的状态。对社会作出更多贡献的人会被互联网整体性地正面肯定，并被赋予作为代币的价值。[13]

　　这样的话，就有可能实现"有钱不是万能的""大家可能都会这么想，但却难以实现"的社会。

[13] 区块链带来的未来价值观

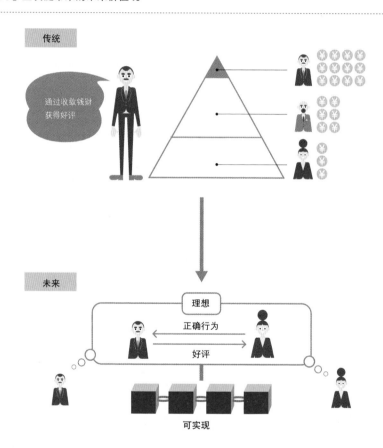

☞ 不确定性：在决策时，将来发生什么的可能性并不明确的状态。

SECTION 12:

区块链实现的社会与人的关联性

如前文所述，区块链正从改变个人进入改变组织、经济和社会的阶段。

对此我们应该如何面对?

这一问题涉及了区块链技术的本质。

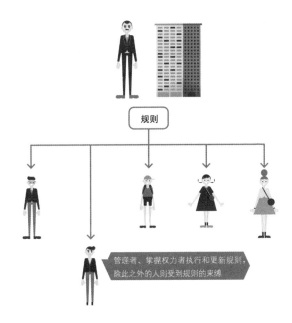

规则

管理者、掌握权力者执行和更新规则,
除此之外的人则受到规则的束缚

◆ 社会（场所）与规则的关系

有人聚集的地方就有规则。人们会经过长时间的摸索来制定"大家一起维持愉快居住场所"的规则。

国家和地方政府等权力集中型组织为了维持社会，发挥着执行和修改规则的作用。但是，规则是以人不会离开所在场所为前提的，这已不符合时代要求，但仍很难改变。不服从规则的人，只有离开规则所在的场所。

◆ 通过区块链的规则驱动

就本质而言，区块链就是在人群聚集之前决定场所的规则。对规则产生共鸣的人才会聚合在一起生成场所。

在这个场所中，理想行为（有价值的行动）由规则决定，并可以通过对行为的评价获取报酬。如上所述，可以超越现存组织的框架和国境创造无数个这样的场所。

今天，在仍然有大部分用户犹豫"用什么规则增加财富"的阶段，区块链只是被看作投资的对象。但是，如果认识到区块链的本质是提供有利于社会的规则，并参与其中的技术，那么用户就会去考虑"我应遵循何种规则，属于哪里"的问题。［14］如果这样，创造"可以发挥自身能力、并可以得到正确评价的场所"和"更好的规则"，就将成为选择虚拟货币的判断标准。

［14］**根据规则选择共同体**

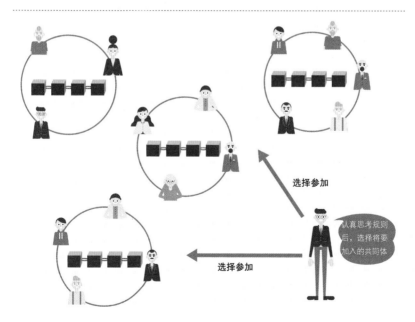

选择参加

选择参加

认真思考规则后，选择将要加入的共同体

SECTION 13：

面向区块链的未来，
Ginco在做什么

本书已经说明了区块链将会如何改变未来。

最后将简单介绍面向未来，

Ginco（笔者创立的公司）正在进行哪些工作。

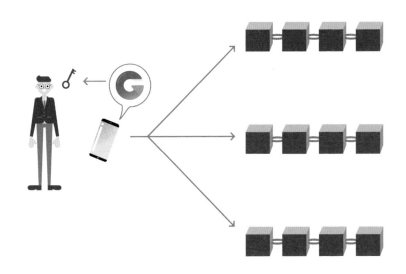

◆ 保存顾客虚拟货币的交易所机制

当要获得比特币等虚拟货币时，只有通过交易所的方法。这是一个将日元等法定货币汇入交易所的银行账户，并通过这个账户购买比特币的系统。而购买的虚拟货币将保管在交易所的账户上。这里重要的是，"虚拟货币不是保存在使用者本人的账户，而是交易所的账户"。想出售虚拟货币时也要通过交易所的账户，所以，存在交易所的虚拟货币并非为自己所拥有。

◆ 将虚拟货币保存在交易所的风险

正如有时新闻报道的那样，当交易所发生问题导致虚拟货币丢失时，首先使用者无法取出自己的虚拟货币。在某些情况下虚拟货币再也回不到使用者手中。

如果因为黑客、破产等原因导致无法从交易所取出虚拟货币，使用者就会失去自己用钱购买的本应到手的虚拟货币。[15]

区块链是一个以使用密钥、本人管理自己的虚拟货币为大前提的体系。只要利用交易所，由于密钥无法亲自保管，就会经常处于资产消失的风险之中。

[15] **如果交易所被黑客攻击了……**

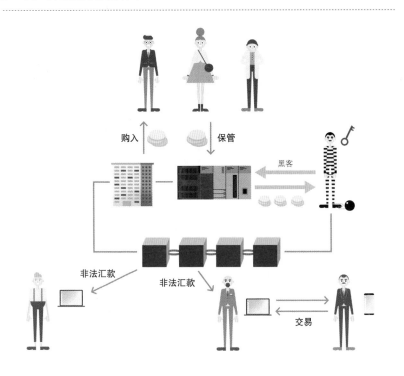

◆ 虚拟货币钱包的种类

由于存在着这些问题，所以推荐在交易所之外使用"安全管理虚拟货币"的虚拟钱包。虚拟钱包就是保存交易后的虚拟货币的钱包，即区块链技术原本的管理方法。

个人通过"安全管理虚拟货币"就可以安全管理密钥。

虚拟钱包有以下4种类型。

①网络在线钱包	②客户端钱包（软件）
作为线上应用程序，是通过输入ID和密码进行使用的网络型钱包。由于运营商可以访问密钥，因此和存在交易所没有很大差别。	使用者将软件下载到本人的手机端和电脑上，并在其中使用的钱包。由于密钥在自己的终端上保存，所以企业无法介入。
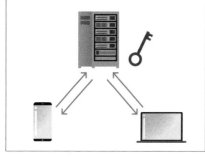	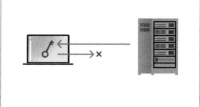
③硬钱包（硬件）	④纸钱包
类似于U盘的装置。使用者可以在线下状态中保管密钥。但是，如利用和汇款而使用其他终端时，需要处于联网状态。	在纸张、贵金属等物品上记录及保管密钥。除了使用者之外，没有使用电脑等其他手段可以掌握密钥。

◆ 区块链的未来从钱包开始

虚拟货币钱包大致有三个作用。首先，发挥着安全保管与虚拟货币相关联的密钥的作用。其次，发挥旨在访问区块链、使用各种服务的接口的作用。由于区块链上的服务只有在拥有了密钥后方可使用，所以管理密钥的钱包可以成为类似于互联网浏览器的浏览、使用工具。最后，发挥活用区块链上产生资产的平台作用，通过密钥对使用区块链上服务产生的各种数据进行管理。因此，钱包可以成为将这些数字资产借与他人、轻松进行兑换等活用数字资产的门户网站工具。[16]

将来每个人拥有的区块链钱包就像现在的银行账户一样，将成为可以利用所有服务的社会基础设施。普及区块链钱包这样的接口是必不可少的。

[16] 钱包的作用

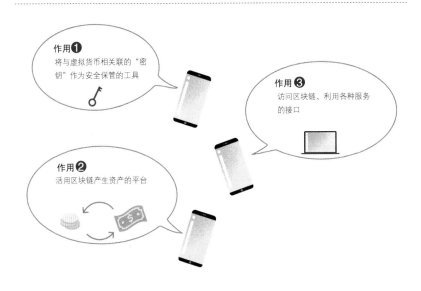

作用❶
将与虚拟货币相关联的"密钥"作为安全保管的工具

作用❸
访问区块链、利用各种服务的接口

作用❷
活用区块链产生资产的平台

区块链将如何改变未来

1　应对未来的技术

依靠区块链作为基础，AI和VR等未来技术具备了现实性，虚拟世界正在不断扩展。技术进步带来了商业活动的多样化，也有必要进行应对准备。

2　自己管理资产和财产

自己的数据以及与活动相关联的所有往来内容都实现了数据化。这些信息会被视为资产和财产并被认真管理。

第3部分介绍了区块链技术对其他下一代技术产生什么影响，将实现什么样的社会，在那样的社会中我们的生活方式会有什么变化等。大致可归纳如下。

3　自己选择生活共同体

工作单位等个人生活的共同体超越国境，日益多样化。让我们负责任地选择这些共同体，并在生活中为它们作出贡献。

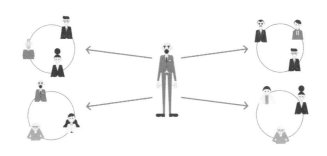

4　使用区块链的活用工具

区块链似乎已经存在于生活的各种场景之中。为了活用这些便捷的基础设施，就让我们从使用最基本的工具开始吧。

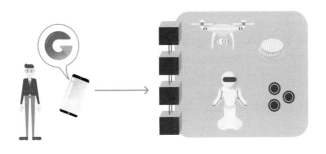

专业词汇

[51% 攻击]

使用PoW时发生的系统风险之一。PoW在性质上可以通过让一部分使用者拥有互联网过半数算力（50%以上 ≈ 51%），从而随意篡改本来已经通过多数表决承认的交易。同时，也存在"不会发生51%攻击"的观点。因为如果进行51%攻击，将对保证比特币信赖性的"无法篡改"特性造成重大损失，并导致比特币价格暴跌。如果假定攻击者"进行经济和合理的活动"，那么51%攻击就不是合理行动。

[DAG（Directed Acyclic Graph）]

即有向无环图，是指数据间的联系。在区块链中，某个特定的区块前后会各有一个区块，而在DAG中，尽管和区块链一样有"方向"，但其特征是在某个区块的前后可以同时链接2个或3个区块。如果将区块链比喻为线，那么DAG的数据形式就是若干条线集结在一起的绳。与区块链相比，其特征是可扩展性高，但数据连贯性上较差。

[DLT分布式账本技术]

是指包括区块链在内的分散型交易记录系统。在数据形式不采用区块连锁形式、交易承认不使用去中心化的共识算法时，使用这一表述。

[ICO]

首次币发行，即通过虚拟货币筹措资金。在出现ICO这个名字之前，主要使用众筹（Crowd Sale）一词。ICO来源于出售未上市股份的首次公开募股（Initial Public Offering）。一般而言，进行ICO的企业或事业项目发行独自的虚拟货币和代币。这些各自发行的代币只要在ICO期间，就可以与比特币、以太币等虚拟货币进行交换。代币只要没有在交易所上市就没有价格，但是，由于如果是将来有前途的项目，上市后股价较高，因此在ICO上市前获得代币仍然颇受关注。

[MTGOX事件]

是指2014年2月拥有全球70%份额的世界最大比特币交易所MTGOX发生的约75万枚比特币消失事件。由于比特币只有密钥的所有者才可以运用，如果在兑换法定货币和虚拟货币的交易所用某些手段盗取了密钥，就可以汇入大量比特币。由此信用受到损害的比特币价格暴跌，MTGOX也宣告破产，并成为日本媒体第一次广泛报道比特币的契机。

[P2P互联网]

P2P是peer to peer的略称，是指参与互联网的计算机以对等立场交易信息的方式。以往，在很多互联网上几乎所有的服务提供者都向使用者提供信息。这被称为客户端服务器模式。在这样的机制中，由于所有信息都是由服务器操作，因此使用者之间没有直接联系。但是，P2P互联网具有使用服务的客户端和提供服务的服务器的双重性质，因此，一般而言，一台计算机处于同时和多台计算机连线的状态。

[UTXO（未花费的交易输出）]

是指比特币、光链币、比特币现金等区块链上使用的交易数据的管理记录形式。使用UTXO时，并不像存折账户上的存款原封不动地作为数据加以管理记录，而是仅基于交易数据计算余额。因此提高了交易的匿名性与数据的连续性。

[Altcoin]

以太币、瑞波币、光链币等比特币之外的虚拟货币的总称，是Alternative Coin（比特币替代品）的略称。在比特币登上舞台不久后的一段时期内，出现了很多参考比特币区块链的比特币替代品（代币）。旨在通过缩短区块链生成时间以提高日常交易便捷性的光链币较具代表性。具备智能合约功能的以太币出现后，很多以以太币区块链规格 ERC-20 为基准的代币也应运而生。

[接口]

是指不同实体间的界限，以及作为界限间处理方式的协议，主要是与信息技术相关的用语。在区块链中是指最适合区块链和浏览、利用 DApps 的工具。

[中介付款方式]

卖方与买方交易时，被称为中介的第三者在双方间进行结算的方法。原本而言，"交易"只有在相信对方之后才有可能进行。但现实世界中，还会出现很多不得不与过去没有进行过交易且完全没有相关信息的对方进行交易的情况。如果引入了智能合约，交易就会切实且自动实施。基于这一特性，由于信任交易对方的必要性下降，因此可以预测，类似中介付款方式不再通用的领域今后将不断扩大。

[链上和链下]

数据和交易作为区块链上的活动加以记录被称为链上（onchain）操作，不在区块链上、而是依赖特定服务器进行记录被称为链下（offchain）操作。

[共识算法]

在类似于区块链的分散型系统中，为了维持数据的一贯性，有必要得到互联网的全体共识。作为形成共识的机制，每一个区块链的设计理论都是共识算法。除了比特币的 PoW（Proof Of Work，工作量证明）以外，还用于 PoS（Proof of Stake，权益证明）、PoI（Proof Of Importance，重要性证明）、dPoS（delegated Proof of Stake，委托权益证明）、PBFT（Practical Byzantine Fault Tolerance，实用拜占庭容错算法）等领域。

［智能财产］

现实资产所有权的代币化。不仅现有物质资产，权利等也可以成为资产，并借此可以通过代币交易轻易地进行各种资产交易。

［软分叉/硬分叉］

为了比特币的技术改良和规格变更而进行的更新当中，在取得全互联网共识后改变所有区块的方法被称为"软分叉"。另外，当无法取得全互联网共识时，在某个节点分开，创建作为全新区块链的系统，这被称为"硬分叉"。比特币和比特币现金就是通过硬分叉的方式分裂的。

［算力］

即挖矿机的运算速度（1秒的计算量）。一般使用 Hash/s 或 Hs 为单位，表示1秒的运算量。近年来由于挖矿机性能提升，KHs（千哈希＝1秒钟运算1000次哈希）、MHs（百万哈希，mega hash）、GHs（十亿哈希，giga hash）、THs（万亿哈希，tera hash）、PHs（千兆哈希，peta hash）、EHs（百万兆哈希，exa hash）等单位也被更多地使用。算力与挖矿得到的收益基本上呈正比例关系。如果理解了哈希值，就可以大致预测挖矿的收益是多少了。

［同质化代币/非同质代币（Fungible Token/Non Fungible Token）］

Fungible 是英文"可替代"之意。同质化代币就是指代币拥有的功能与作用可以由同样的代币替代使用。比如，现实世界中的纸币都是不同号码的不同物体，作为货币使用时却可以忽视这些不同，都可以发挥其他纸币具备的作用。相反，重视纸币号码的不同，即看重各自的固有性，则称之为"非同质代币"。

［协议］

众人为了切实实施有关特定事物的处理手续而进行的规定，即指有关设备、软件之间传输的机制（信息规则），记载在何种状况下、按照何种顺序传输何种类型的数据，区块链基本上是作为协议的一种被开发的。

［白皮书］

类似于"项目概要"。很多情况下，会在虚拟货币和区块链项目主页上向投资者和用户公开。最早英国政府发布的报告书是白色的，因此"白皮书"泛指政府发布的公开文件。此后企业发布的报告也被称为"白皮书"，现在虚拟货币项目的概要简介也同样使用这个称呼。

［矿池］

指多个矿工合作进行挖矿的机制。希望参加挖矿的个人和投资者可以根据对挖矿费用的出资比例获得相应的挖矿报酬。由于与单独购买器材相比可以更有效地挖矿，因此很受欢迎。

［零售］

主要用于金融业界，指小额交易。个人进行的小规模结算被称为零售结算。

［虚拟机］

计算机科学的用词，将"创造不拘束于物理性环境的虚拟环境"称为虚拟化。在区块链中是指可以运行诸如DApps等程序的智能合约的操作环境。

［挖矿收益（Coinbase）］

即对挖矿成功的矿工支付的报酬。一般被称为"挖矿收益"。作为支付给矿工的收益，除了在区块链系统上规定的一定金额的收益外，还加上包含在已经挖矿的区块链中的交易手续费。因此，矿工为了得到更高的收益，会尝试优先将交易手续费高的交易纳入区块。比特币区块链系统规定，挖矿收益大约每4年（每生成21万区块）变成一半，2140年左右（生成2100万区块）报酬将变为0。

［挖矿难度］

即通过挖矿生成区块（找出随机数）而必须进行计算的"难易度"。一般而言，必要的计算量越多，难度越大。有些区块链装载有旨在稳定区块生成时间的"难度调整算法"，有些区块链还拥有紧急难度系统（Emergency Difficulty adjustment，EDA）。在比特币区块链中，以每两周一次的频率自动调整难度使其接近每个区块大致10分钟的生成时间。

［确认时间］

即从处理汇款到确定汇款处理完毕所需要的时间。比特币区块链中相当于生成一个区块所需要的时间，按照平均10分钟左右调整难度。

［电子签名］

即使用密钥和公钥进行本人确认的系统，电子签名的作用与在纸质合同上签字的作用一样。在比特币交易中，比特币所有者的签名将记录在区块链上。在比特币汇款交易中签名时将使用密钥。由于这个签名只有在所有者本人一致时才可由所有者修改数据，因此如果签名不正确，则无法修改区块链上的数据。因此，在确认是否正确进行了交易时，会将包括在交易内的公钥与已完成电子签名的汇款信息进行比对，以验证数据没有被篡改、签名者与密钥持有者身份是否正确，没有问题后记录在区块链上。